AF558822

Norbert Pailer

Licht.Welten

SCM

Stiftung Christliche Medien

Der SCM Verlag ist eine Gesellschaft der Stiftung Christliche Medien, einer gemeinnützigen Stiftung, die sich für die Förderung und Verbreitung christlicher Bücher, Zeitschriften, Filme und Musik einsetzt.

2. Auflage 2024

Internet: www.scm-haenssler.de · E-Mail: info@scm-haenssler.de

Herausgegeben von der
Studiengemeinschaft Wort und Wissen e.V.
www.wort-und-wissen.org

Satz und Umschlaggestaltung: Johannes Weiss
Titelbild: Der Ringnebel M57 – populär das „Auge Gottes genannt" –
aufgenommen mit dem James Webb Space Telescope JWST, NASA
Druck und Bindung: C. Angerer & Göschl, A-1160 Wien
Printed in Austria
ISBN 978-3-7751-6244-9
Bestell-Nr. 396.244

Licht.Welten

Norbert Pailer
Autor

Johannes Weiss
Grafiker

Für meine Familie in dankbarer Anerkennung einer wundervollen Zeit auf dem Juwel Erde inmitten eines fantasievoll ausgestalteten, aber ansonsten lebensfeindlichen Universums.

„Das Schönste, was wir entdecken können, ist das Geheimnisvolle."
Albert Einstein,
Nobelpreisträger Physik

Ein Wort zu mir und meinem Buch.

Der Mensch ist – astronomisch gesehen – Treibsand zwischen den unglaublichen Weiten der Sternenwelten – ein winziges Staubkorn mit seiner kleinen Erde. Raumfahrt hat mit ihren Möglichkeiten seit rund 60 Jahren für eine unglaubliche Horizonterweiterung gesorgt. Einige Höhepunkte dieser Bewegung durfte ich durch meinen Beitrag mit gestalten. Zeit für eine kleine Bilanz.

Astronomie hat mich immer fasziniert. Mein erstes Taschengeld investierte ich in einen kleinen Refraktor vom Supermarkt. Wenn einen aber einmal das Weltraumvirus packt und das „Apertur"-Fieber ausbricht, wird man diese Krankheit lebenslang nicht wieder los!

Schon als junger Doktorand ging ich regelrecht in den Nachtbeobachtungen für die interessierte Öffentlichkeit auf, die ich an der Sternwarte des Max-Planck-Instituts in Heidelberg durchführte, sozusagen als Doktoranden-Job. Da auch diese Leute meist etwas schwarz auf weiß mit nach Hause tragen wollten, haben wir mit der revolutionären Technologie von Polaroid-Sofortbildern der frühen 80er Jahre gearbeitet. Selbst dann, wenn man Aufnahmen, die damals an einem professionellen Sternwarten-Refraktor von Zeiss entstanden sind, mit den Bildern meines Selbstbau-Teleskops als Voyeurbesteck hinter meinem Haus vergleicht, wird klar, welche Entwicklung seither stattgefunden hat.

Bei den vielen Reisen zwischen Rio und Tokio war es ein kleiner Höhepunkt in meiner „Sterngucker-Karriere", als ich am Lowell-Observatorium in Flagstaff Nachtbeobachtungen mit einem Planetenentdecker machte: Clyde Tombaugh, der 1930 als junger Mann bei der Auswertung von Glasplattenaufnahmen des Himmels Pluto entdeckte.

Ein weiterer Höhepunkt, den ich mir später als Astrophysiker in den USA gönnte, war die Zeit als Gastwissenschaftler. Unser Heidelberger Max-Planck-Institut entwickelte gemeinsam mit der Washington University in St. Louis ein Weltraumexperiment zur chemischen und isotopischen Analyse von interplanetaren Staubteilchen. Es wurde 1986 gestartet und nach 69 Monaten Aufenthalt in der Erdumlaufbahn wieder zur Analyse zurückgeführt. Die Szene vom Aussetzen der sogenannten Long Duration Facility LDEF ist in nebenstehendem Bild gezeigt. Es ist bedauerlich, dass dieses erfolgreiche System des Space Shuttle nun aus Kostengründen ins Museum gestellt wird.

Es folgten Jahre in Forschung und Technologieentwicklung. Und ganz am Ende meiner Berufstätigkeit 2014 hat die Sonde Rosetta endlich den Kometen 67/Churyumov-Gerasimenko erreicht, für die ich als junger Doktorand Ende der 70er-Jahre des letzten Jahrhunderts erste Entwicklungsarbeiten durchführte. So lange können Wege zum Erfolg einer Weltraummission dauern, was mir den Abschied in die „Nachspielzeit" erleichterte.

Ist dann das Weltall für lange Jahre zum All-Tag geworden, wird man von seiner Umwelt auf Dauer ein bisschen abwesend und wunderlich wahrgenommen. Man selbst wird in seiner Denkzelle zur Institution, zum Museum, und kommt sich darin als eigener Kurator und gleichzeitig einzigem Gast vor. So will mich meine liebe, fürsorgliche Frau gelegentlich zum Ohrenarzt schicken, dabei bin ich gerade gedanklich bei der Arbeit – irgendwo.

Immer wieder haben mich Anfragen zu Vorträgen von unterschiedlichsten Gruppen gezwungen, aus „meiner Welt" herauszutreten und das mit allgemein verständlichen Sätzen zu vermitteln, was Weltraumerkundung als Wunder der Schöpfung zugänglich gemacht hat. Auf vielfachen Wunsch meiner Zuhörer ist nun dieses Buch als Zusammenstellung typischer Vortragsthemen entstanden. Es möchte aber auch junge Menschen für ein naturwissenschaftliches Studium motivieren. Astronomie ist dafür die „Einstiegsdroge".

Vor mir liegt das fertige Layout für „Licht.Welten". Viele machen nach „Licht" einen Punkt und damit Schluss, während sich für andere danach eine neue Welt eröffnet. Ähnlich sind Anmerkungen am Ende eines jeden Buchteils gemeint, die sich – absichtlich mehrdeutig – „Merk.Würdig" nennen.

Es scheint zudem, dass die Verarbeitung meiner Vorträge gleichzeitig eine Art (vorzeitige) Bilanz meines aktiven Arbeitslebens ist, (m)eine „Lebensbeichte". Der Vorstoß nach außen wurde zu einer Reise nach innen:

Der Blick zum Himme

war meinem Glauben zuträglicher als meinem Wissen. Gründe, nicht Beweise, dafür finden sich in diesem Buch. Im Gegensatz zu den anderen meiner Bücher – siehe z.B. im Anhang – ist dieses Buch als die „persönliche Sichtweise eines Astrophysikers mit einem großen Herzen und heiterer Gelassenheit" gedacht. Die Stärke dieses Buches mag seine persönliche Note sein. Mit diskutierten Fakten möchte ich – teilweise mit einer Prise Humor – Gedankenanstöße geben, astronomisch und daraus existentiell ausgerichtete Gedanken konsequent anzugehen. Ob der Fülle der zur Verfügung stehenden Datenbasis musste eine Auswahl getroffen werden. Um ein breites Publikum zu erreichen, waren Vereinfachungen unvermeidbar, die dann noch aus meinem persönlichen Blickwinkel dargestellt wurden.

Dieses Buch ist also keine übliche von Anfang bis Ende kohärent mit Prosa gefüllte Arbeit, sondern eine eher fragmentarische Zusammenstellung von Vortragsgedanken mit einem gemeinsamen „Roten Faden", teilweise im Telegrammstil. Das entsprechende Sachbuch ist nach wie vor mein Buch „Der vermessene Kosmos" (1), das ich mit Alfred Krabbe erarbeitete und das als Referenz – auch im Hinblick auf Quellen- und Stichwortverzeichnis – dient.

Norbert Pailer,
Meersburg im Januar 2024

„Ich mag Physik, weil Gott hier interessante Dinge versteckt hat."

Inhalt

Die Erde – ein kleiner Planet durch Gravitation auf Zeit zwischen dem Höllenfeuer der Sonne und der tödlichen Kälte des Alls genau in dem richtigen Abstand aufgehängt. Dort erreicht sie das Spektrum elektromagnetischer Strahlung vom hintersten Winkel des Universums.

Licht und kosmische Teilchen sind die einzige Botschaft von fernen *Welten.*

Eine kleine Gruppe von Astronomen und Astrophysikern bemüht sich um deren sorgfältige Interpretation. Diese stoßen im Universum immer wieder auf eine bemerkenswerte kosmische Ordnung, der nicht einmal eine Schneeflocke entkommt. Im vorliegenden Skizzenheft fasse ich unterschiedliche Themenbereiche zusammen, um den vielen Anfragen meiner Zuhörer gerecht zu werden:

Prolog

Eine über 3 000jährige Astronomiegeschichte dieser ältesten Königsdisziplin der Naturwissenschaften hat nicht so viele Erkenntnisse über das All gezeitigt wie die knapp 60jährige Erfolgsgeschichte der Raumfahrt. Wir leben in einer aufregenden Zeit. Es lohnt deshalb, die rasant anwachsende Datenfülle zu sichten und mit unserem Weltbild abzugleichen, um Spuren des Geheimnisses der Schöpfung auszumachen. Wir werden dabei nicht nur über Zahlen und Erfolge sprechen, sondern den Menschen mit seiner Rolle inmitten der Oase Erde ins Zentrum stellen. Am Ende geht es darum, wie Gewinner zu denken.

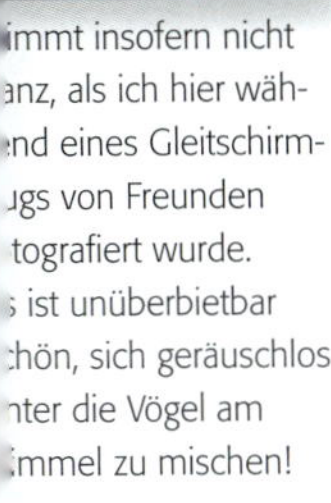

N. Pailer April 2009; immt insofern nicht anz, als ich hier wähnd eines Gleitschirmugs von Freunden tografiert wurde. s ist unüberbietbar hön, sich geräuschlos nter die Vögel am mmel zu mischen!

Wir erleben eine sternenklare Nacht und fragen staunend in den Himmel hinein: Welchen Sinn hat das Ganze?

Rund Hundert Milliarden Galaxien gleiten durch den Raum, und Hunderte von Milliarden Sternen drehen sich wie eine Töpferscheibe um den geheimnisvollen Kern jeder Galaxie.

Der Sonne Glanz – pro Sekunde das Millionenfache
des jährlichen Energiebedarfs der Menschen –
und der Reichtum der Erde
sorgen für Lebensbedingungen für Millionen Arten von Lebewesen.
Jedes einzelne ein Wunder an Zweckmäßigkeit, Schönheit und Raffinesse.

Ihre Sprache sind nicht die Wissenslücken, sondern

Vollkommenheit, die Symmetrie
und die Gesetze,

von denen wir viele nicht kennen.

Ihre Beständigkeit lässt uns etwas ahnen
von dem Geheimnis ihres Ursprungs.

Jedes Mal, wenn sich ein Quantensprung ereignet,
jedes Mal, wenn sich eine Zelle teilt,
jedes Mal, wenn ein Regentropfen fällt,
ist das Erinnerung an eine großartige Schöpfung.
Jede Sekunde, die durch den Kosmos tickt,
jeder Puls, der durch meine Adern taktet,
zeugt andererseits von ihrer Vergänglichkeit.

Dennoch laufen solche Veränderungen im grandiosen Kosmos nicht wie ein sinnloses Schauspiel vor leeren Bänken ab. Wir sind umgeben von Wundern.

Teil 1: Ein Stück Himmel

Im Grenzbereich der Dimensionen

- Was ist der Weltraum?
  - Größe und Grenzen
  - Darstellung von Größen- und Entfernungsverhältnissen
- Erkenntnistheoretischer Exkurs
  - Unterscheidung: Weltbild - Naturbild
  - Unterscheidung: Wirklichkeit - Modell

Möglichkeiten der Raumfahrt lassen uns in Sachen Weltraumforschung in der ersten Reihe sitzen. Ich verstehe mich als ihr „Frontberichterstatter", aber auch als „Botschafter der Sterne" (Johannes Kepler nannte sich gar „Priester des Höchsten in Sachen Natur"): Ich denke mir dabei Gott nicht aus (siehe Teil 4), sondern ich denke ihn „nur" nach. Werden wir in dem

Stückchen Himmel,

das wir sehen können, Spuren des Schöpfers erkennen oder gar Prinzipien seines Handelns entdecken? Damit ist knapp die Stoßrichtung zusammengefasst:

- Gott wurde scheinbar durch den Materialismus arbeitslos und durch das unendlich erscheinende Weltall wohnungslos gemacht. Meine Absicht ist nicht Infotainment im Sinne von für ihn nur ein gutes Wort einlegen. Mein Anspruch ist: Zeigen, dass es durchaus Gründe gibt, dass es ohne ihn nicht geht - ohne Beweis. Alles andere würde unsere Vernunft überanstrengen; wir können Gott weder durch ein Teleskop noch durch ein Mikroskop beweisen.

- Die experimentelle Seite – und damit gemessene Daten – bilden meine Schwerpunkte; die damit verbundenen Modelle nenne ich gerne physikalisches Marketing (weil sie das oft sind).

- Ich verspreche, dass die Beschäftigung mit dem Kosmos ein bisschen mühsam wird, vor allem, wenn man nicht täglich mit diesen Kategorien umgeht. Nicht jeder wird alles in voller Tiefe verstehen, aber jeder sollte es spannend finden.

- Ich wünsche mir, dass der Leser nach dieser Lektüre den Sternenhimmel und seine Rolle unter demselben mit anderen Augen sieht.

- Wir machen uns klar, dass wir uns mit unserer Spurensuche nicht im klassischen Zentrum der Naturwissenschaft bewegen, sondern ein (interessantes) Thema im

Grenzbereich der Dimensionen

behandeln. Arthur Schopenhauer hat dazu folgendes hinterlassen: Wohin Denken ohne Experimentieren führt, hat das Mittelalter gezeigt; aber dieses Jahrhundert lässt uns erleben, wohin Experimente ohne Denken führen. – Etwas plakativ, aber nicht ganz falsch! – Wir wollen unsere Spur finden.

Wenn man mit dem Auto mit einer Geschwindigkeit von 100 km/h senkrecht nach oben fahren könnte, wäre der Weltraum rund zwei Stunden entfernt: Es ist dunkel, weil die Atmosphäre sich weitgehend ausgedünnt hat – und wo nichts ist, kann auch kein Licht gestreut werden – und ich könnte auf einer Umlaufbahn, auf der ich mich allerdings mit 28 000 km/h bewegen muss, Schwerelosigkeit erfahren. Ich kann aber auch den Weltraum tief im Inneren eines Atoms beginnen lassen: Es gibt im *sichtbaren* Weltraum kein Teilchen, das es nicht auch in einem Atom gibt. Obwohl ein Atom schon winzig klein ist, besteht es – wie das Universum – fast nur aus leerem Raum.

Da ich nicht aus der Autoindustrie komme, sondern ursprünglich Kernphysiker bin, liegt mir letzter Ansatz näher. Damit lassen wir den Raum im Innern eines Atoms beginnen. Nachdem der sichtbare Weltraum betont wurde, muss ich später noch auf die dunkle, unsichtbare Komponente im Weltraum eingehen (siehe Teil 4).

Während für Isaak Newton der Raum die unveränderliche Bühne für alle physikalischen Vorgänge bildete, erscheint er nach Albert Einsteins Relativitätstheorie als Mitspieler im Geschehen: Massen verformen den Raum, und die augenblickliche Form des Raumes wirkt zurück auf die Bewegung der Massen im Raum. Da sich alle Massen im Universum bewegen, ist seine Struktur in ständiger Veränderung begriffen, und wir haben es mit einer sich dynamisch verändernden Geometrie des Raumes zu tun. Das Weltraumprojekt LISA soll dies erstmals nachweisen. Vorbereitende Technologie-Entwicklungen sind in vollem Gange.

Ich wollte mit einer einfachen Frage einsteigen: Was ist der Weltraum? Dann entdeckte ich, dass ich selbst darauf keine schlüssige Antwort habe. Wahrscheinlich wäre der Begriff eines Raum-Zeit-Kontinuums diesbezüglich auch nur ein Verschiebebahnhof. Deshalb gehen wir gleich zur nächsten, hoffentlich etwas einfacheren, Frage, über: Wo beginnt der (Welt-) Raum? Und was der

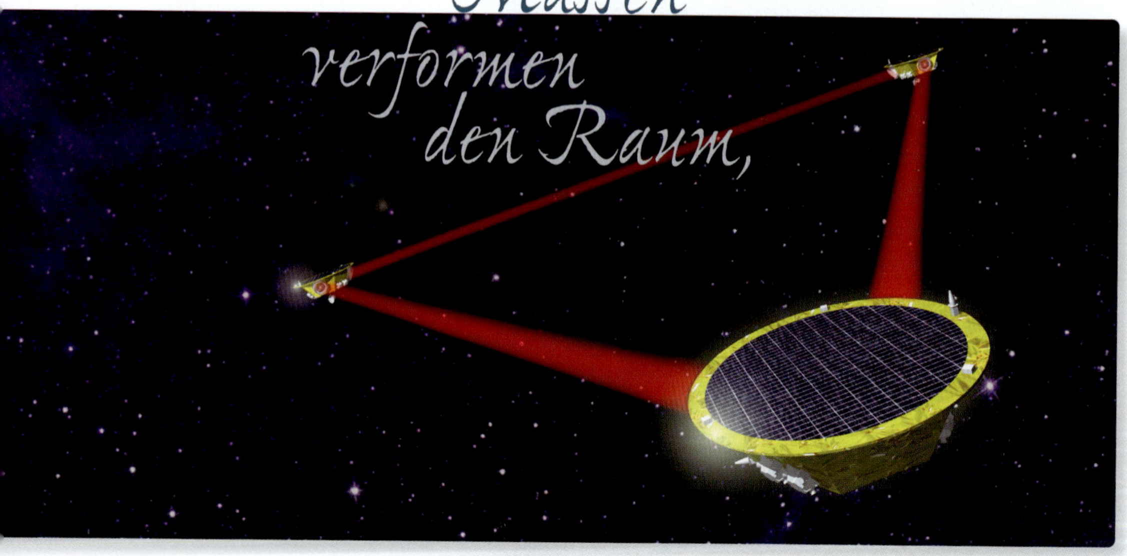

Weltraum ist oder sein könnte, werden wir am ehesten dadurch erfahren, indem wir seine Objekte mit ihren Eigenschaften im Folgenden diskutieren.

In obigem Bild wird ein Teilraum aus dem Mikrokosmos in Form eines Piktogramms eines Atoms mit einem Teilraum des Makrokosmos in Form des Prinzips unseres Planetensystems zusammengeführt. Damit ist ein

Ausschnitt des Raumes

in Form eines bildlichen Überblicks eingeführt. Diese Zusammenstellung ist natürlich völlig unmaßstäblich.

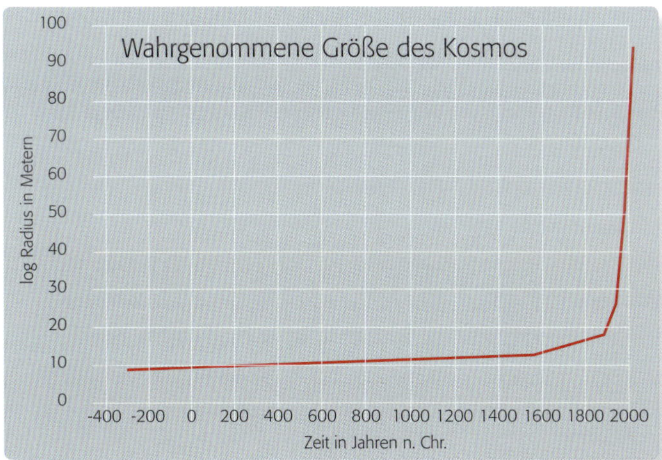

Untenstehendes Diagramm zeigt die Zunahme der wahrgenommenen Größe des Raumes (= Kosmos) als Funktion der Zeit. Um 1500 zeigte Nikolaus Kopernikus, dass nicht die Erde, sondern die Sonne im Mittelpunkt des Planetensystems steht. Noch bis 1920 glaubten die Astronomen, dass sich die Sonne im Mittelpunkt der Milchstraße befindet. Edwin Hubble stellte 1929 fest, dass unsere Milchstraße nur eine unter vielen dieser Welteninseln ist. Aus dieser Kurve ist letztlich noch kein definitives Ende der Größe des Raumes abzusehen; Einzelheiten sind in der 3. erweiterten Auflage von „Der vermessene Kosmos" (Norbert Pailer und Alfred Krabbe) nachzulesen.

Es sei angemerkt, dass Unsicherheiten der Messdaten mit zunehmender Raumtiefe größer werden und kritisch betrachtet werden müssen.

Grenze des heute erforschten Raumes

Lebensrau
des Mensch

Makrokosmos

10^{+30} m

10^{0} m

Beispiel: 10^{+30} m = 1 000 000 000 000 000 000 000 000 000 000 m

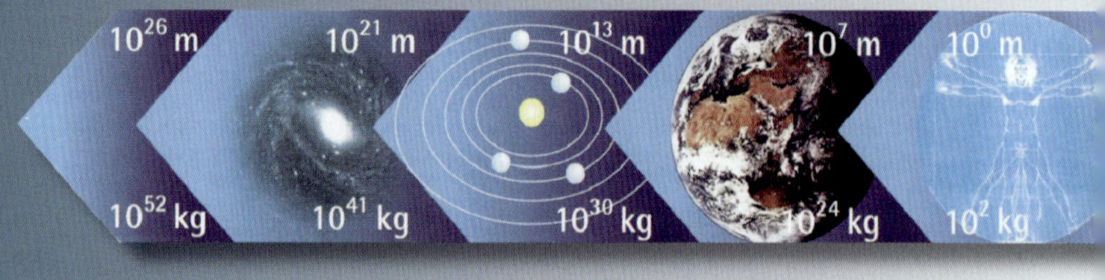

Das Bild zeigt die Darstellung der

Dimensionen des Mikro- und Makrokosmos,

der Welt des Kleinen und des Großen, in denen sich heute Naturwissenschaftler mit ihren Untersuchungen tummeln. Die Fragezeichen am oberen Ende der Skala lassen sich treffend mit einem alten Zitat von Albert Einstein kommentieren, ohne dass etwas ergänzt werden müsste: „Es gibt zwei Dinge, die sind unendlich: die menschliche Dummheit und das Universum; von letzterem wissen wir es noch nicht so genau." Dies ist also sicher nicht der „Zaun am Ende der Welt"!

Der Mensch liegt ziemlich genau in der Mitte von Mikro- und Makrokosmos. Damit ist der heute beobachtbare Kosmos gerade um so viel größer als der winzigste Bruchteil eines

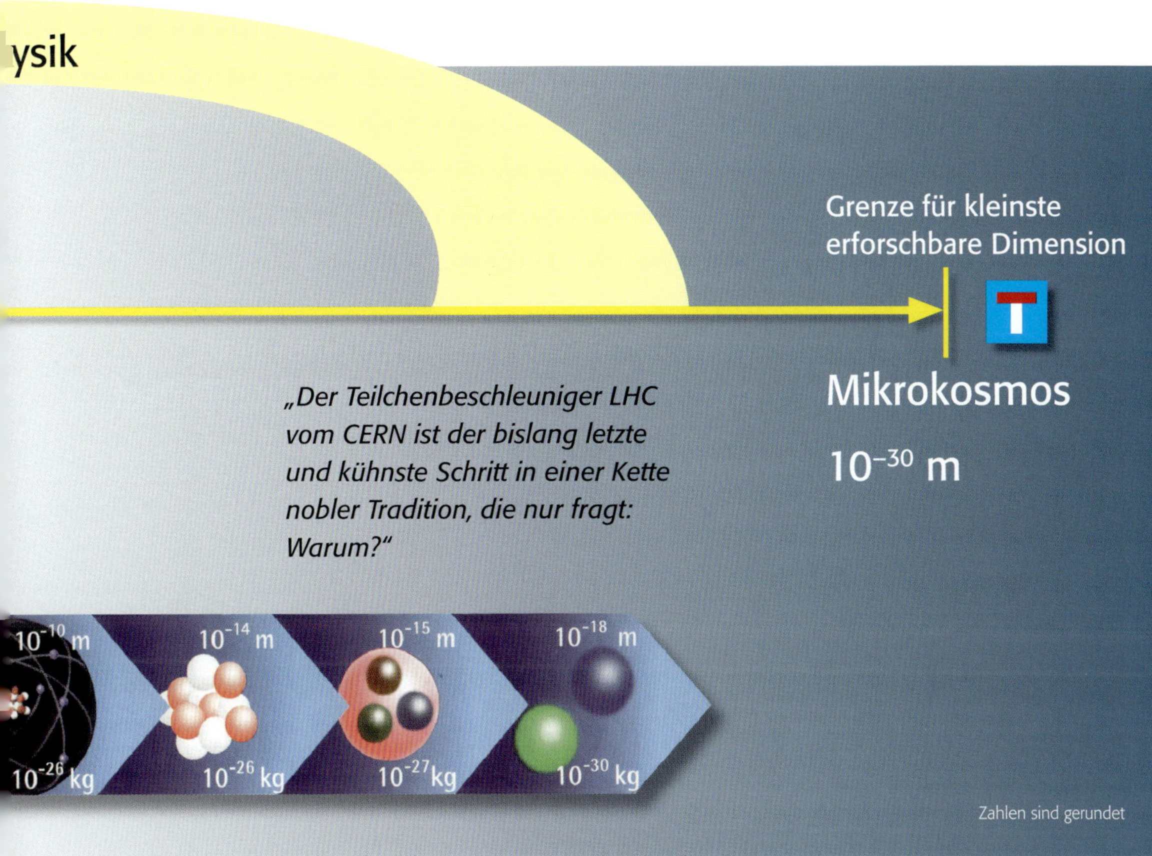

Atoms kleiner ist als der Mensch. Die untere Grenze ist eine harte Limitierung, gekennzeichnet durch das Piktogramm einer Sackgasse. Sie wird als „Plancksche Elementarlänge" bezeichnet und stellt nach den Vorstellungen der Quantenphysik die kleinste Länge dar. Alle anderen Größen im Universum sind ganze Vielfache davon. Es gibt keine anderen Größen.

Der Pfeil als Bogen vom Mikro- zum Makrobereich wird durch die Disziplin der nuklearen Astrophysik repräsentiert, in der mit dem größten Teilchenbeschleuniger LHC (Large Hadron Collider) im CERN in Genf versucht wird, ein Quark-Gluonen-Plasma zu erzeugen, mit dem Anfangsverhältnisse eines Urknallszenarios nachgebildet werden sollen. Extrapolationen über viele Größenordnungen mit all ihren Unsicherheiten sind hier unvermeidbar.

Aber das sind die Wege der Naturwissenschaft zu neuen Erkenntnissen. Das ist das Beste, was Physik leisten kann. Jedenfalls ist heute nach diesem Bild der Anfang der Welt Gegenstand experimenteller Untersuchungen, bei denen in der Knautschzone von Kollisionsexperimenten kleinster Teilchen für Bruchteile von Sekunden „Urknallbedingungen" simuliert werden sollen.

Nichts zur Verfügung als:

- geschwärzte Fotoplatten
- 380 kg Mondmaterial als Mitbringsel der Mondfahrer
- einige Meteoriten, die uns zugefallen sind und einige wenige rückgeführte Proben-Brösel
- Zeigerausschläge und Datenraten von Instrumenten

„Astronomie treiben heißt, die Gedanken Gottes nachlesen."
Johannes Kepler

Zum Aufzählen der dem Weltraumforscher grundsätzlich zur Verfügung stehenden Informationsquellen bedarf es nicht einmal aller fünf Finger einer Hand; prinzipielle Informationsquellen sind im Bild gelistet.

Weiter zu berücksichtigende Einschränkungen sind – trotz der unglaublichen Fülle von Datenmengen: Die Astronomen erhalten viele ihrer Daten an der Auflösungsgrenze ihrer Instrumente, wo sie oft alles andere als eindeutig

Erkenntnis unerbittlicher Grenzen; wir können allenfalls den Schleier des Geheimnisses der Schöpfung lokal ein bisschen lüften. Mehr ist nicht drin.

Fällt angesichts der Geheimnisse des Kosmos unsere Erkenntnis überhaupt ins Gewicht? – Aber wenn wir auch nicht alles verstehen werden, so ist Astronomie wenigstens schön!

Der Astrophysiker Freeman Dyson: „Wenn wir ins Universum hinaus blicken und erkennen, wie viele Zufälle in Physik und Astronomie zu unserem Wohle zusammen gearbeitet haben, dann scheint es fast, als hätte das Universum in gewissem Sinn gewusst, dass wir kommen." – Aber weiß denn das Universum überhaupt etwas? Weiß denn ein „Urknall", was er auslöst? – Eine eher komische Vorstellung.

sind und trotz einer sorgfältigen Interpretation keine letzte Gewissheit geben.

Diese an der Gesamtaufgabe gemessene wahrlich

schmale Informationsbasis muss genügen,

um die Architektur unseres Universums versuchen zu erfassen. Tiefe Einblicke wurden ebenso erreicht wie die

Erde

Venus

Pluto Merkur Mars

Im Folgenden werden alle Planeten mit einigen nahen Sternen in einem maßstäblichen Größenvergleich dargestellt. Zunächst sind wir in unserem Planetensystem und vergleichen die

Größen aller Planeten mit festen Oberflächen

untereinander.

Auf diesem Bild ist Pluto als Planet beibehalten worden, wohlwissend, dass er seit 2006 als Kleinplanet gilt. Diese Rückstufung wurde eingeführt, z. B. weil Pluto heute als Mitglied des Kuipergürtels gilt, zudem eine Vielzahl von Eiskörpern im Kuipergürtel vorhanden ist, die teilweise größer als Pluto sind. Dafür werden – sozusagen als Kompensation – entsprechende Eiskörper im Kuipergürtel in einer neuen Kategorie dargestellt, die nach Pluto nun als Plutoide oder Plutinos gelten.

Pluto Merkur Mars Venus Erde Neptun

Im nebenstehenden Bild werden alle Planeten ins Verhältnis zur Sonne gesetzt, welche die Szene eindeutig dominiert.

Daran schließen sich im Bild oben nahe Sterne an, wie Aldebaran, Arkturus und Sirius, in bis zu knapp 40 Lichtjahren Entfernung. Arkturus ist der nächste helle Stern, den man findet, wenn man auf der Sternkarte (oder am Abendhimmel) dem Bogen der Deichsel des Großen Wagens folgt.

Das Spiel mit dem Größenvergleich kann man natürlich weiter treiben bis hin zu supergroßen Galaxienhaufen. Hier soll mit dem Bild rechts Schluss sein. Rigel und Beteigeuze führen uns als

markante Sterne des Orion

bis auf knapp 1 000 Lichtjahre ins All hinaus.

Der Stern Antares dominiert die Szene. Er ist der hellste Stern im Sternbild Skorpion. Sein Durchmesser beträgt über 1100 Millionen Kilometer.

Erklärung:

1 Lichtjahr ist die Strecke, die das rund 300 000 Kilometer pro Sekunde schnelle Licht in einem Jahr zurücklegt. Es gibt keinen Informationstransport, der schneller ist als Licht (außer vielleicht für schlechte Gerüchte auf diesem Planeten ☺).
1 Astronomische Einheit 1 AE ist mit rund 150 000 000 km der mittlere Abstand Sonne – Erde.

onne Sirius Pollux Rigel Aldebaran Beteigeuze Antares

Alle angegebenen Werte sind ungefähre, gemittelte Größen.

Daran lässt sich ein netter Witz fest machen, in dem ein deutscher Professor seinem amerikanischen Gast gerade den Orion und seine Umgebung mit dem Stern Beteigeuze bis hin zu Sirius erklärt:

Darstellung von Entfernungsverhältnissen im Kosmos

Unsere ko(s)mische Adresse

Die Erde

Das Planetensystem

Die nächsten Sterne

Die Milchstraße

Die nächsten Galaxien

Die Lokale Gruppe

Das Lokale Supercluster

Das nächste Supercluster

Galaxienverbände u

Die entfernteste

Abstand	Kilometer	Astronomische Einheit	Lichtlaufzeit
Sonne – Erde	149 600 000	1	8,3 Minuten
Sonne – Pluto	5 914 000 000	39	328 Minuten

laxienfreie Räume

ojekte im sichtbaren Raum

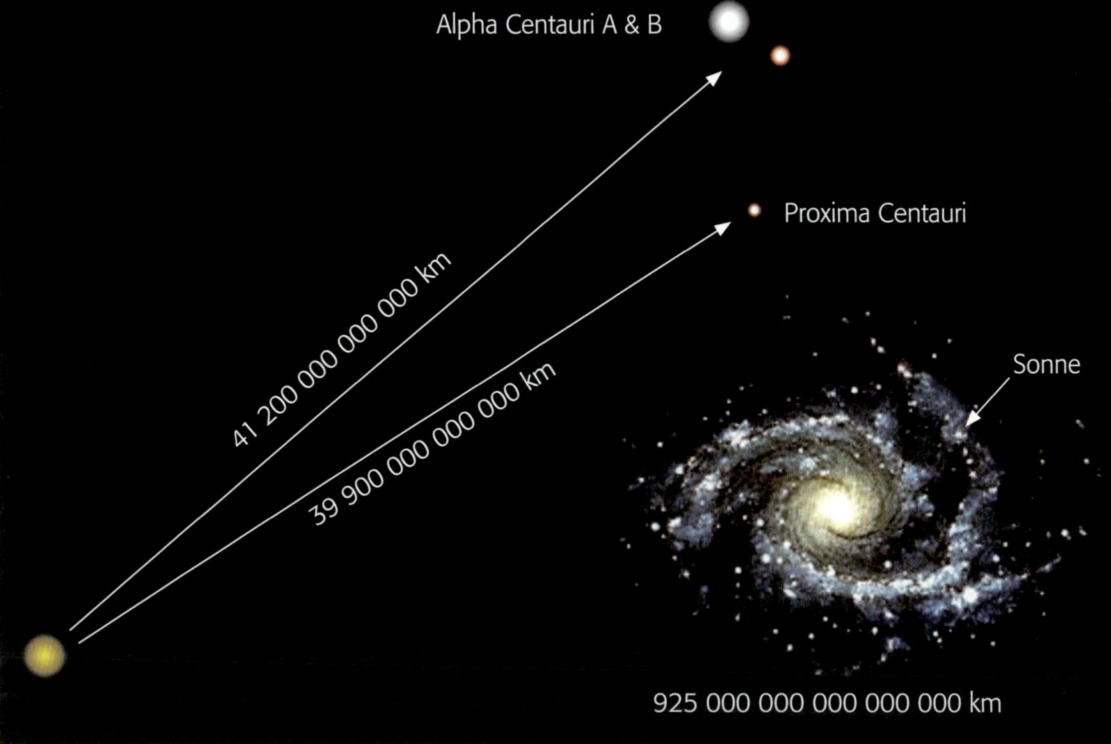

Abstand	Kilometer	Lichtlaufzeit	Voyager Reisezeit bei 17 km/s rel. zur Sonne
Sonne – Erde	149 000 000	8,3 Minuten	100 Tage
Sonne – Pluto	5 914 000 000	328 Minuten	11 Jahre
Sonne – Proxima Centauri (nächster Stern)	40 000 000 000 000 4×10^{13}	4,2 Jahre	75 000 Jahre
Sonne – Zentrum Milchstraße	30 000 000 000 000 000 $3\,000 \times 10^{13}$	27 000 Jahre	550 000 000 Jahre
Durchmesser Galaxie	900 000 000 000 000 000 $90\,000 \times 10^{13}$	90 000 Jahre	1 700 000 000 Jahre

Zahlen sind gerundet

So wie im linken Bild gezeigt, könnte unsere Milchstraße aussehen, in der unser Stern, die Sonne, an der Innenkante des Orion-Arms in einer Entfernung von rund 30 000 Lichtjahren vom Zentrum liegt.

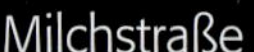
Milchstraße

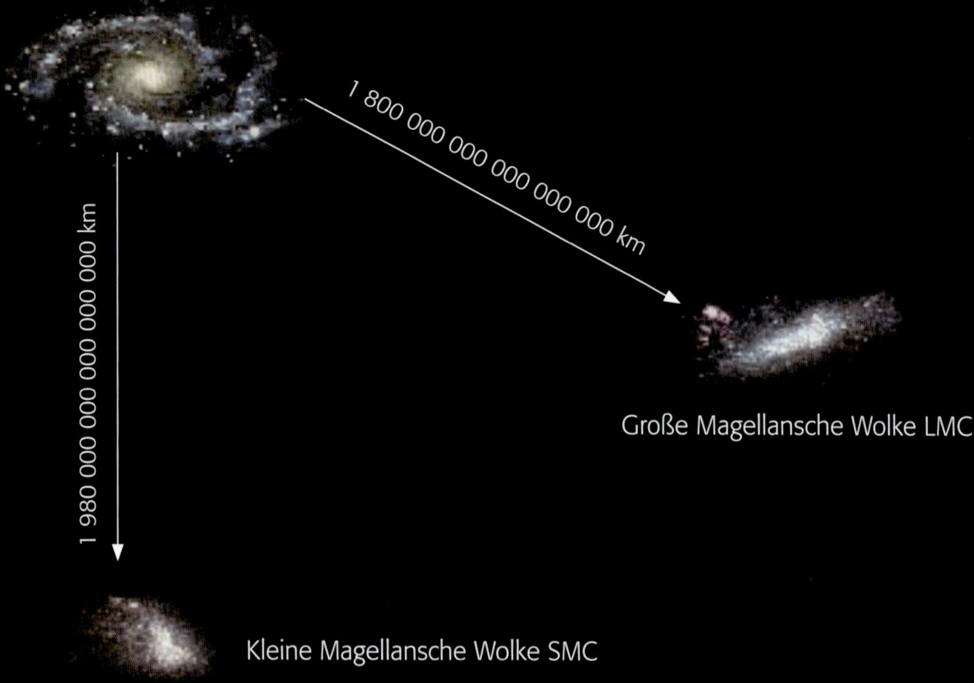
1 800 000 000 000 000 000 km
1 980 000 000 000 000 000 km
Große Magellansche Wolke LMC
Kleine Magellansche Wolke SMC

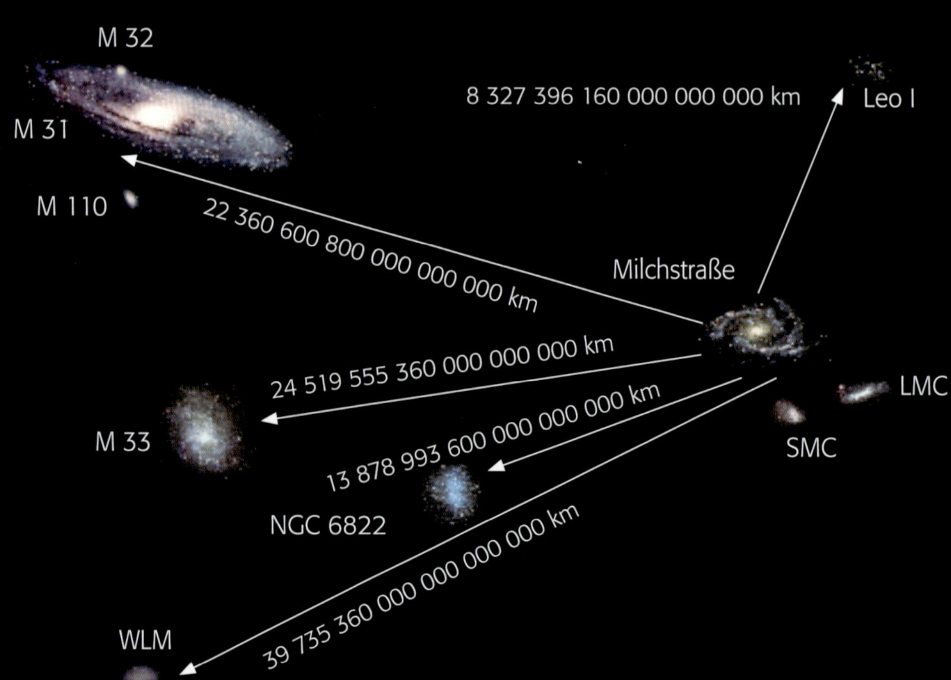
M 32
M 31
M 110
8 327 396 160 000 000 000 km
Leo I
22 360 600 800 000 000 000 km
Milchstraße
24 519 555 360 000 000 000 km
LMC
SMC
M 33
13 878 993 600 000 000 000 km
NGC 6822
39 735 360 000 000 000 000 km
WLM

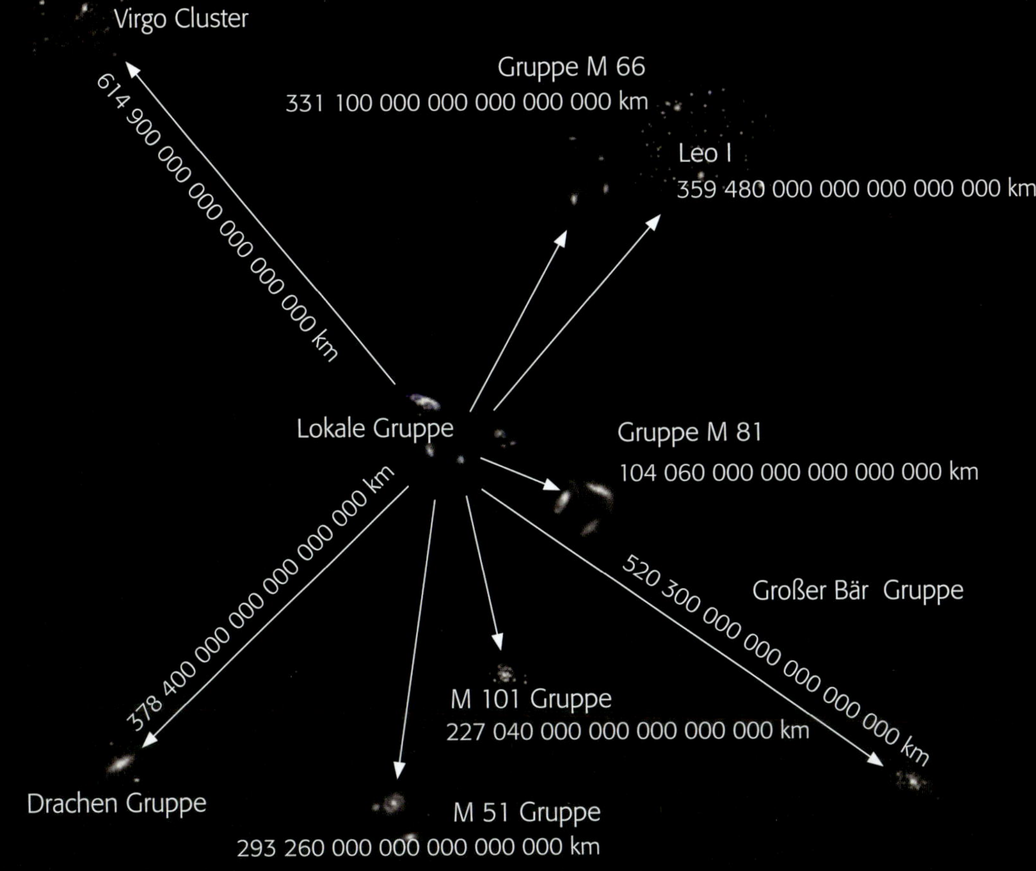

Abstand	Kilometer	Lichtlaufzeit	Voyager Reisezeit bei 17 km/s rel. zur Sonne
Sonne – Erde	149 000 000	8,3 Minuten	100 Tage
Sonne – Proxima Centauri (nächster Stern)	40 000 000 000 000 4×10^{13}	4,2 Jahre	75 000 Jahre
Durchmesser Galaxie	900 000 000 000 000 000 $90\,000 \times 10^{13}$	90 000 Jahre	1 700 000 000 Jahre
Sonne – Große Mag. Wolke LMC	1 800 000 000 000 000 000 $180\,000 \times 10^{13}$	180 000 Jahre	3 500 000 000 Jahre
Sonne – Andromeda-Nebel	25 000 000 000 000 000 000 $2\,500\,000 \times 10^{13}$	2 500 000 Jahre	45 000 000 000 Jahre Zahlen sind gerundet

Wir blicken durch zwei Fenster auf unsere Welt:

Die Naturwissenschaft und die Religion. Die Naturwissenschaft handelt dabei vom Aufbau und Zusammenspiel der Materie, während die Religion Beziehungen zu Menschen, zur Musik, zum Schöpfer etc. einschließt. Religion ist die ältere Disziplin.

Spätestens seit Werner Heisenberg wird die Naturwissenschaft in Zusammenhang mit dem Naturbild gebracht. Die in früheren Zeiten angestrebte Wahrheitssuche als ultimatives Ziel der Naturwissenschaft wurde damit als zu ehrgeizig aufgegeben zugunsten von folgendem Verständnis: Im *Naturbild* erklärt Physik die Vorgänge unserer Welt allein unter Anwendung von Naturgesetzen – ohne Eingriff von außen, als *„berechenbare Seite Gottes"* als den „richtigen Weg zu nachweislich zuverlässigem Wissen". Die erzielten Leistungen sind zwar beeindruckend (man hat immerhin Menschen zum Mond und wieder gesund zur Erde zurück gebracht), aber sie sind nicht das Ganze; darum bemüht sich das Weltbild, welches das Naturbild als Untermenge umschließt. Das Weltbild folgt nicht zwingend aus dem Naturbild. Im Naturbild bin ich Physiker, im Weltbild bin ich Mensch.

- **Naturbild** meint: Schnitte durch ein Haus zur Ermittlung von Mauerstärken, Anzahl der Fensternischen etc., wobei nie das ganze Haus und schon gar nicht der Architekt ins Blickfeld kommt.
- **Weltbild** meint: das ganze Haus mit allen Sinnen erfassen.

Es sollte nicht zu sehr wundern, wenn das Thema des Ursprungs der Welt so umstritten ist, liegt es doch im Grenzbereich von Weltbild und Naturbild. Naturwissenschaft

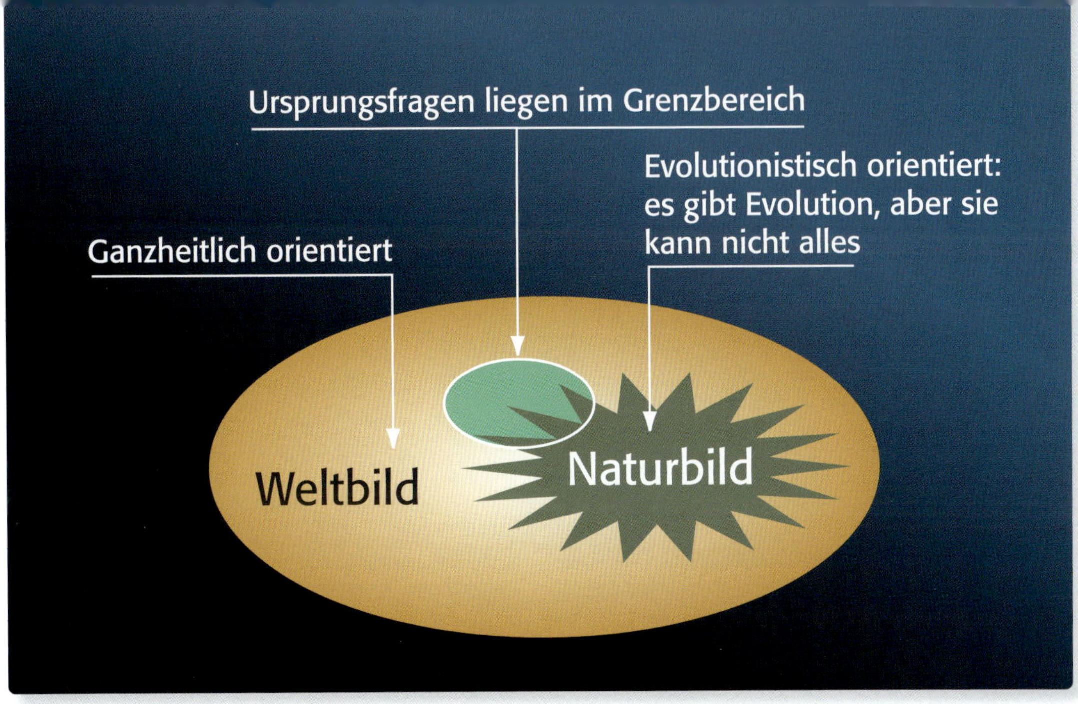

Ursprungsfragen liegen im Grenzbereich

Evolutionistisch orientiert: es gibt Evolution, aber sie kann nicht alles

Ganzheitlich orientiert

Weltbild

Naturbild

startet auf der Basis von Hypothesen, die nicht hinterfragt werden. Naturgesetze werden als gegeben angenommen, ohne ihre Herkunft zu erfragen etc., wenngleich das so aufgesetzte Programm sehr erfolgreich ist, ist es nicht für alles zuständig:

- **Im Naturbild**: Gehirn als ausschließlicher Erkenntnisfilter; einfacher Anfang der Welt mit möglichst wenigen Voraussetzungen und weiterer Entwicklung mittels Naturgesetzen. Das Ergebnis soll als „Verfügungswissen" bezeichnet werden.
- **Im Weltbild**: Herz und Gehirn als Erkenntnisfilter; eine Art fertige „Grundtypen"-Schöpfung als Ausgangspunkt mit allen Fähigkeiten von Diversifikationen. Das „Verfügungswissen" im Naturbild wird berücksichtigt; das Ergebnis im Weltbild soll als „Orientierungswissen" bezeichnet werden.

Die Bibel drückt das so aus: der Mensch denkt mit dem Herzen. Die großen Gedanken kommen aus dem Herzen. Es ist bemerkenswert, mit welchem Aufwand junge Menschen für den Umgang mit dem Erkenntnisfilter Gehirn trainiert werden, während die Erkenntnismöglichkeit des Herzens verarmt – dabei sieht man „nur mit dem Herzen gut". Natürlich weiß ich, dass die Physiologen solche Regungen nicht im Herzen, sondern im Gehirn lokalisieren, allesamt durch rein physikalisch-chemische Prozesse begleitet. Ist dies aber nicht damit zu vergleichen, die Leistungsfähigkeit eines Computers durch seinen Stromverbrauch bei verschiedenen Anwendungen zu erfassen?

Wir halten fest, dass das Naturbild den Schöpfer grundsätzlich von vornherein aus seinem System ausgeschlossen hat (was man tun kann). Ärgerlich ist nur, wenn Medienberichten zu Folge die Wissenschaft festgestellt habe, dass der Spielraum für einen Schöpfer kleiner würde und dass Religion therapierbar sei. Da wird nicht sauber gearbeitet!

„Der allgegenwärtige Gott kommt überall vor, nur nicht im Naturbild. Er kommt dort nicht vor, weil wir ihn ausgeschlossen haben, per definitionem."

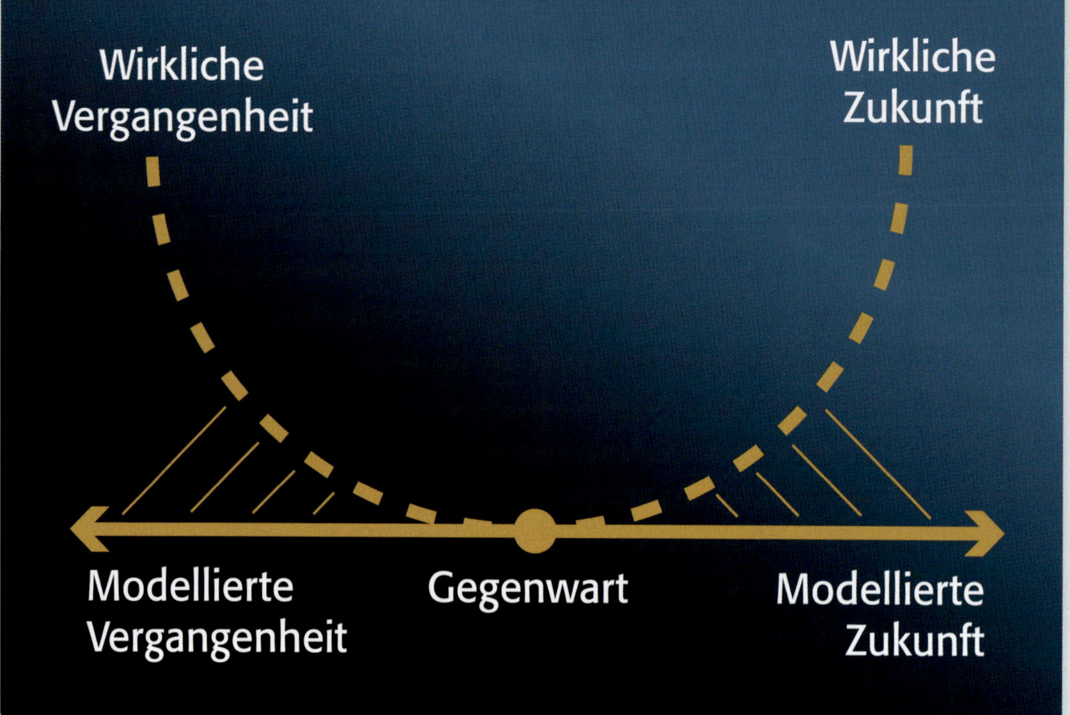

Der gestrichelte Verlauf der Linie möge die wirkliche Weltlinie symbolisieren, entlang derer der Lauf der Weltgeschichte erfolgte. Wir sind heute darauf ein Punkt, genannt „Gegenwart".

Unsere Erkenntnismöglichkeiten über Vergangenes oder Zukünftiges beschränken sich neben einigen Messpunkten dazwischen auf eine lineare Fortschreibung unserer heute bekannten Gesetze im Rahmen bekannter Modelle: Zwischen „Wirklicher Vergangenheit" und der Linie des Modells, z. B. dem Big Bang (Urknall), liegen Bereiche einer virtuellen Pseudo-Vergangenheit. Entsprechendes gilt für die Zukunft.

Analog zu „Weltbild und Naturbild" sind

Wirklichkeit und Modell

auseinander zu halten.
Wir können unsere Erkenntnisse nur linear extrapolieren, es sei denn wir hätten konkrete Anhaltspunkte, wie sich wann was und wie geändert hat. Ansonsten wären wir hoffnungslos verloren.
Deshalb stehen Wirklichkeit und Modell nicht nebeneinander, sondern zwischen ihnen ist eine Grenze. Modelle sind Banalisierungen der Natur, Vermutungen mit Hochschulbildung☺.

Es geht beim Modell um das Einfangen der wahrgenommenen Wirklichkeit mit Netzen. Leider weiß

von vornherein niemand, wie sein Netz zum Einfangen dieser Wirklichkeit gestaltet sein muss. Wenn ich – um im Bild zu bleiben – einen so fischenden Physiker fragen würde, was ein Fisch sei, dann würde er z. B. sagen: Alles was schuppig ist und größer als 5 cm (Maschenweite). Wenn man den Gedanken weiter spinnt, so entspricht die Gesamtheit aller Netze allen Denkmöglichkeiten des Menschen. Er kann nur das für ihn Denkbare aussieben. Falls es Bereiche gibt, die der Mensch nicht denken kann, hat er mit seinem Netz keine Chance. Damit endet die Wirklichkeit des Wissenschaftlers an der Grenze seiner Methodik! Mit dieser Feststellung haben wir zumindest an die Existenz einer naturwissenschaftlichen Erkenntnisgrenze gedacht und zur Kenntnis genommen.

Sollte es je eine „Weltformel" geben, mit der vergangene oder auch zukünftige Zustände der Welt errechenbar wären, so würde das (sicher wachsende) Naturbild dennoch nie die Größe des Weltbilds einnehmen, da nie nachgewiesen werden könnte, ob die Welt jemals den (errechneten) Verlauf nahm. Zudem könnte der Mensch nie die Widerspruchsfreiheit einer Weltformel wissen (Kurt Gödel).

„Für den Naturwissenschaftler gibt es keine einheitliche Theorie für alles, und es gibt nichts für ihn, wofür er keine Theorie hat".

- Es gibt im sichtbaren Weltraum kein Teilchen, das es nicht auch in einem Atom gibt. Obwohl dieses klein ist, besteht es – wie der Kosmos – fast nur aus leerem Raum.

- Die Grenze des heute erforschbaren Raumes ist um rund so viel größer als der Mensch wie die kleinste Größe kleiner ist als er. Nachdem der Mensch nicht im Zentrum des Universum steht, so ist er etwa in der Mitte der erforschten Längenskala.

- Abgesehen von einigen Materialproben, die uns zugeflogen sind oder zur Erde gebracht wurden, haben wir nur die Information des Lichts und gewisse kosmische Teilchen zur Erkundung des Weltraums zur Verfügung.

Anmerkung: Abgesehen von einigen Eiweißkörpern in den Zellwänden gewisser Bakterien sind alle Aminosäuren-Monomere auf der Erde links drehend aufgebaut. Warum das so ist, kann keiner sagen. Eine Mischung der Chiralität (Drehsinn) wäre sogar tödlich. Allerdings findet man in Meteoriten

Aminosäuren beider Typen vertreten, also links- und rechts drehend, und damit keine kosmische Auswahl. Das kann als Beleg dafür gelten, dass das Leben von der Erde stammt.

- Um noch tiefer in den Raum vorzudringen, setzen Astronomen zusätzlich zu ihren ausgeklügelten Teleskopen noch auf Gravitationslinsen als natürlichen „Leselupen" vor ihrer Teleskopoptik (siehe Teil 3).

- Die Beziehung des Naturbilds als „berechenbarer Seite Gottes" zum Weltbild als übergeordneter Größe steht wie „Modell und Wirklichkeit" zueinander.

- Trotz der Trennung zwischen Weltbild und Naturbild besteht der Eindruck, dass manche Naturwissenschaftler radikal mit dem Weltbild aufräumen wollen, dass es auch nur einen „göttlichen Funken" geben könnte, eine Erinnerung an Gott in der Natur. Aber wie möchte ich mit einem Apparat, der z. B. nur im sichtbaren Licht empfindlich ist, die Existenz von Röntgenstrahlen widerlegen? Wie sollte Naturwissenschaft Gott aushebeln, zumal sie nur Aussagen machen kann, wo es bereits etwas zu messen gibt.? Fällt angesichts der Geheimnisse des Kosmos unsere Erkenntnis überhaupt ins Gewicht?

- Vielleicht ist das Faszinierende an der Weltraumforschung, dass wir unter erheblichen Aufwendungen an Hochtechnologie Dinge sichtbar machen können, die ansonsten für das menschliche Auge unsichtbar sind. Gleichzeitig arbeiten wir uns zu ebenfalls unsichtbaren Aspekten, Verhältnissen und Welten („Licht.Welten") vor, für deren Erkennen wir aber alles haben; wir müssen nur den Umgang damit üben: Ein Herz, das sieht.

Teil 2: Wunder im Weltall

Unser kosmischer Hinterhof

- Raffinessen im Planetensystem
- Juwel Erde mit seiner Nachbarschaft
- Monde mit ihren Überraschungen
- Kometen als größtes Eis am Stück

Am liebsten wäre ich in einer sternenklaren Nacht mit Ihnen auf einen einsamen Hügel fernab der Lichter der Zivilisation gegangen. Dort könnten wir, auf dem Rücken liegend, regelrecht sehen, wie sich die Erde unter dem Sternenhimmel durchdreht.

Man verbinde diese Erfahrung mit der Erkenntnis, dass wir nicht nur zu den Sternen hinauf-, sondern auch zu ihnen hinunterschauen und dass die Erdanziehung die einzige Kraft ist, die unser Hineinfallen in diese Unendlichkeit verhindert. Gleichzeitig kann man sich vielleicht noch die Frage stellen, wer oder was unseren Blick von außen erwidert?! – Jedenfalls gibt es Diskussionen, als würde es draußen von Leben nur so wuseln. Wir wollen in diese planetaren

Welten im Farbenrausch

abtauchen, was nun mal zum schönsten Teil des All-Tags eines Astrophysikers gehört.

Beflügelt vom Erfolg des Galilei, der als erster ein Teleskop vor 400 Jahren zum Himmel richtete, hat die moderne Naturwissenschaft das physikalische Weltbild (= Naturbild; siehe Teil 1) entwickelt, das wir als Antwort auf die uralte Frage nach dem Ursprung nachzeichnen – und kritisch hinterfragen wollen.

Wir leben mit unserem Planetensystem inmitten einer Blase, in der sich der Sonnenwind gegen das umgebende interstellare Medium stemmt, die wir Heliosphäre nennen. Unser erster Reflex wird sein, dass wir ins Staunen kommen über der unübertroffenen Schönheit und Raffinesse unserer planetaren Umgebung. Einführend sollen einige Ordnungsprinzipien und Kenngrößen im Planetenraum benannt werden:

- nur eine Sonne im Zentrum (Sterne kommen ansonsten bevorzugt in Mehrfachsystemen vor), was die Langzeitstabilität der Planetenumlaufbahnen unterstützt
- nahezu kreisförmige Bahnen sorgen für einen gleichbleibenden Abstand der Planeten zur Sonne
- saubere Gliederung in die Gruppe der erdähnlichen, inneren Planeten und der Gasriesen im äußeren Bereich
- die Planetenbahnen liegen in gleicher Ebene – bis auf zwei Ausnahmen, für die wir gewisse Erklärungen haben

Kenngrößen im Planete

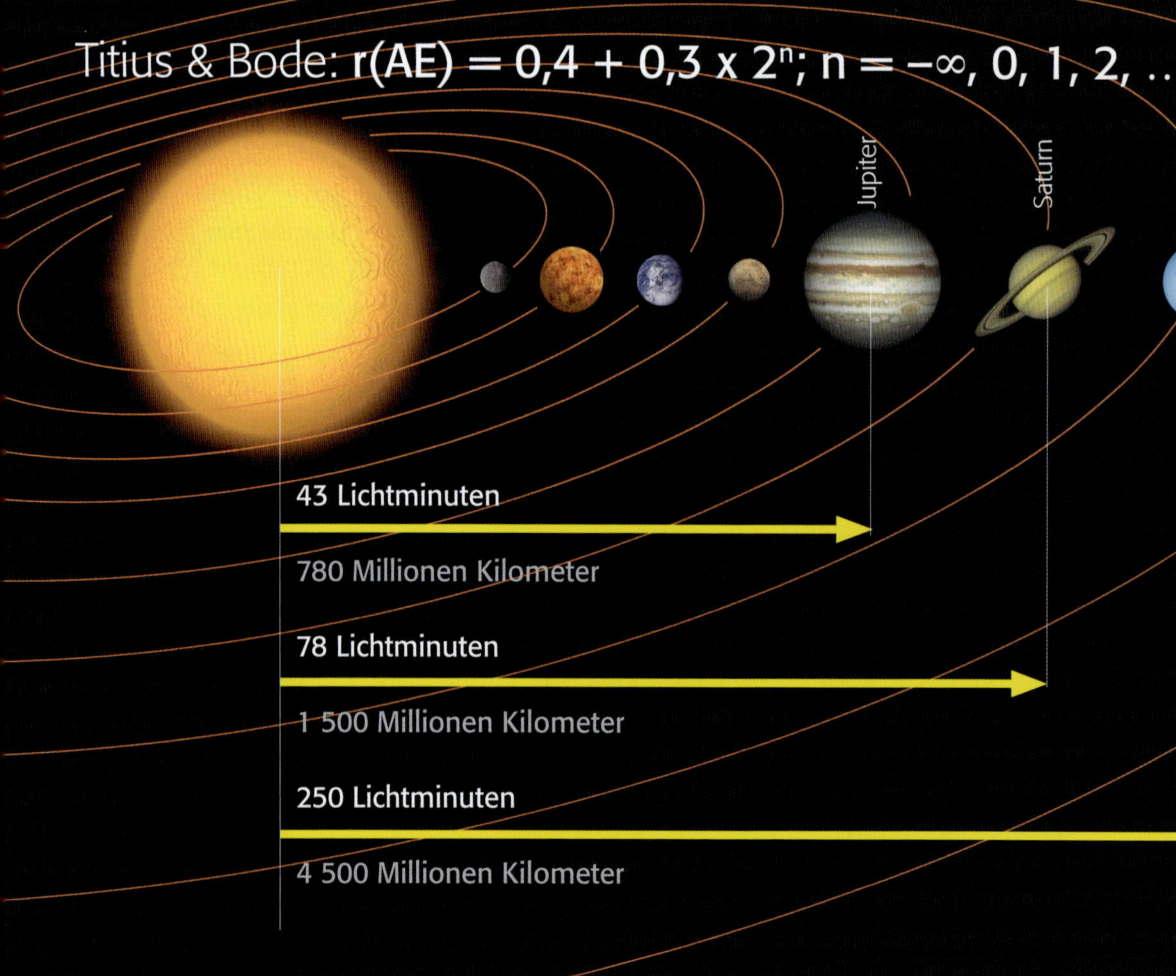

- gleich gerichteter Umlaufsinn der Planeten um die Sonne – was keine Selbstverständlichkeit ist. Astronomen wissen dies seit August 2009 von extrasolaren Planeten (2)
- gleich gerichteter Drehsinn der Planeten um ihre eigene Rotationsachse – bis auf zwei Ausnahmen, die wir meinen zu verstehen:
  - Venus rotiert genau entgegengesetzt (retrograd), während sich Uranus wie ein Wagenrad abrollt
  - Planeten-Drehachsen werden als Flip-Flops aufgefasst, die kippen können
  - Venus hat danach eine Kippung hinter sich, während sich Uranus inmitten dieses Vorgangs befindet
  - Glücklicherweise wird die Erdachse durch den auffallend großen Erdmond durch Wuchten an ihrem Erdäquatorwulst stabilisiert
- raffinierter Aufbau der Erdatmosphäre mit ihrem dünnen „Häutchen" der gegen UV-Strahlung schützenden Ozonschicht
- Jupiter ist ein Beispiel eines raffinierten Schutzschildes, worauf wir Erdlinge erst 1994 aufmerksam gemacht wurden. Er hat damals ein Richtung Erde fliegendes Objekt abgelenkt, in 21 Bruchstücke zerlegt und dann vor unseren Augen eines nach dem anderen aufgesammelt und entsorgt
- Saturn ist das Beispiel einer außerordentlichen Schönheit in unserem Planetensystem
- Abstände der Planeten sind nicht beliebig, sondern folgen einer mathematischen Reihe, entdeckt durch die Herren Titius und Bode. Sie gibt nicht nur die aktuellen Abstände der Planeten an, sondern weist auf eine Lücke zwischen Mars und Jupiter hin, in der sich Hunderttausende von Asteroiden tummeln. Ein zerstörter Planet oder einer, dessen Aufbau der große Jupiter verhinderte? Einen 60 Tonnen schweren Vertreter haben wir in Namibia aufgesucht (Bild oben)
- Nachdem Pluto kein Planet mehr ist, sind alle Planeten schon (unbemannt) besucht worden

ıum

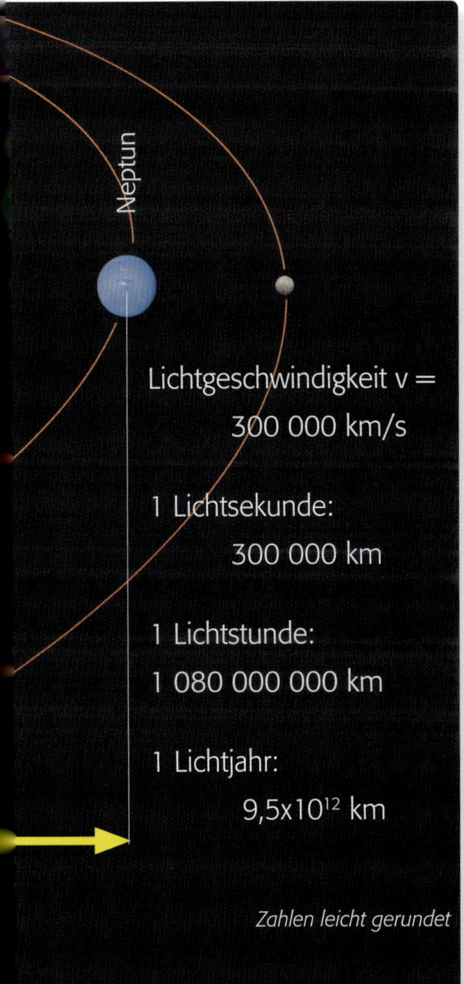

Der interessanteste Weg zu den Sternen ist der, den man selbst geht. Ich werde deshalb als Kontrast und zur Veranschaulichung der Leistungsfähigkeit der Mittel der Raumfahrt immer wieder Bilder heranziehen, die ich mit meinem Selbstbau-Teleskop hinter unserem Haus mit einer einfachen Webcam (Neupreis US$ 99) aufgenommen habe.

Das Bild zeigt Licht der Sonne, das an der Mondoberfläche (Krater Eratosthenes) reflektiert wurde, um danach den Detektor meiner Kamera zu erreichen. Der Krater liegt an der Grenze zwischen dem Mare Imbrium und Sinus Aestuum. Selbst Einzelheiten von Strukturen des Lavaflusses sind sichtbar. Nebenstehend ist als Beispiel einer Deep Sky-Aufnahme der Whirlpool-Galaxie in rund 30 Millionen Lichtjahren Entfernung im Sternbild Jagdhunde gezeigt, aufgenommen mit meiner Canon EOS 350D-Spiegelreflexkamera. Es wurden weder Filter verwendet, noch eine Bildnachbearbeitung angesetzt. Rechts steht

mein „Voyeurbesteck",

das ich in unserem Ölkeller gebaut habe.

Es ist erstaunlich, was da in langen, kalten Winternächten vom Himmel kommt! Der direkte Blick zum Abendhimmel mit unbewaffnetem Auge lässt bereits Wunder erahnen, während sich im fokussierten Photonenbündel ganze Orgien von Farben ableiten lassen. Fotografie ist dabei nur das technische Hilfsmittel, um den Blick auf das Wesentliche dahinter zu fokussieren.

© N. Pailer 2009

© N. Pailer 2009

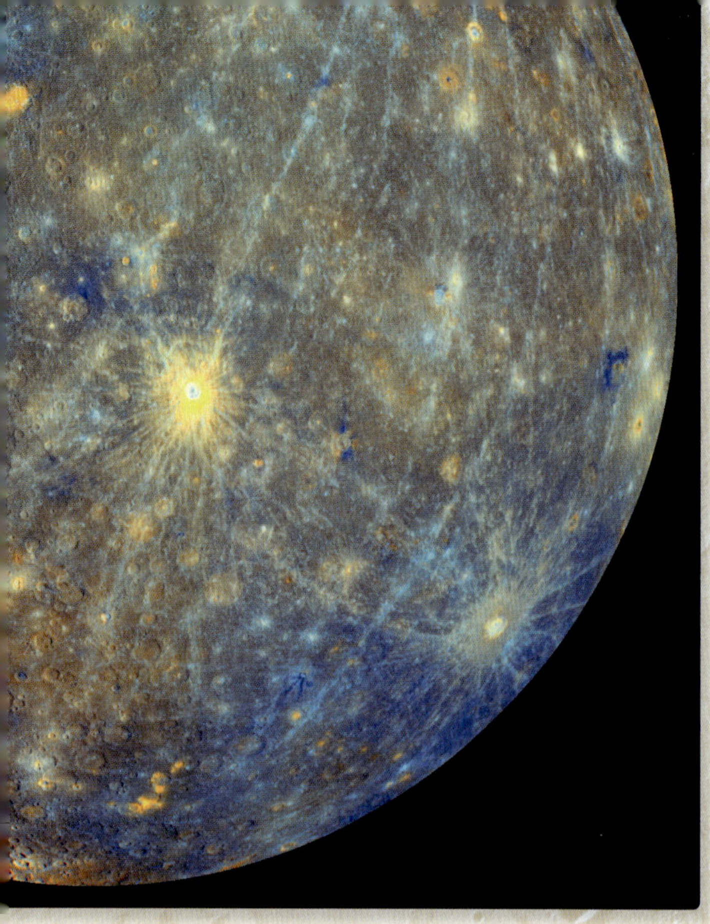

Die Weltraumaufnahmen unten zeigen Merkur natürlich mit unverschämt hohem Detail. Die NASA-Raumsonde Messenger hat sich im Spätjahr 2008 bis auf 280 km an die Oberfläche des Merkur herangewagt, während ich ihn aus rund 60 Millionen Kilometer fotografieren musste. Rechts im Bild steht die junge Mondsichel mit ihrem ersten Licht am ansonsten kobaltblauen Himmel mit ihrem „da-Vinci-Leuchten". Der Rest des Mondes strahlt im Erdschein. Aber der Punkt, auf den es ankommt, steht hier auf halber Höhe am Bildrand:

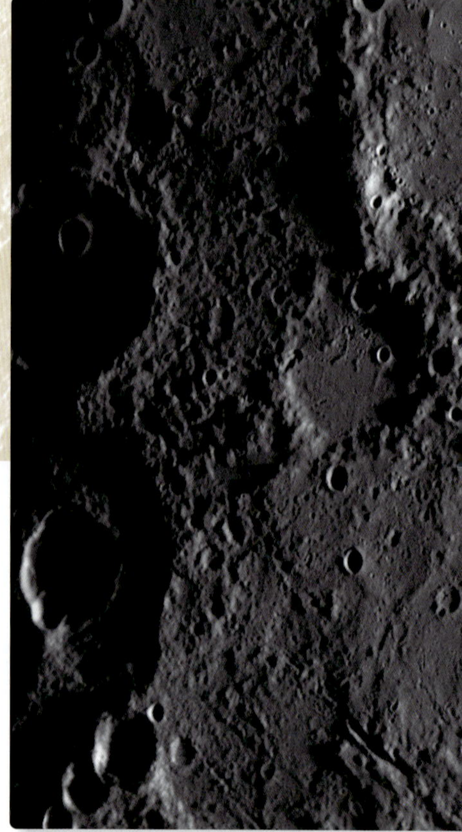

Merkur, aufgeschnappt mit meiner Kamera

Üblicherweise verschwindet Merkur im Dunst des Abendlichts, weil er nicht nur als innerster Planet sehr nahe an der Sonne steht, sondern auch noch sehr klein ist. Aber diesmal habe ich ihn über dem Bodenseedunst erwischt.

Blick auf den Planeten Venus. Eigentlich sehen wir nur seine Atmosphäre, die ihn einhüllt. In ihr gibt es Stoffe, die wir auch zunehmend von unserer Erdatmosphäre kennen, z. B. Kohlendioxid. Aber auch Schwefelsäuretröpfchen, die wir Irdischen üblicherweise in unsere Autobatterien füllen, wabern durch die Atmosphäre. Beide Stoffe sind Treibhaus-fördernd. Dies führt dazu, dass sich die Planetenoberfläche aufheizt. Hätte Venus keine Atmosphäre, so wäre die zu erwartende Oberflächentemperatur aufgrund des Sonnenabstandes in der Gegend von 50°C. Aber die Treibhaus-wirkende Atmosphäre treibt die Temperatur auf nahezu das Zehnfache. Damit versteht man die Sorge der Wissenschaftler wegen der Fieberkurve unseres Planeten, denn die Bremswege der Natur sind lang! Das nebenstehende Bild zeigt die „nackte Venus". Sozusagen unter Anwendung des ersten planetaren „Nacktscanners" schaute die NASA unter den Wolkenschleier der Venus. Praktisch sah das so aus, dass die NASA ein Radarinstrument auf die Raumsonde Magellan montiert hat, mit dessen Strahlen die Atmosphäre durchdrungen wurde. Aus den Radar-Rückreflexen an der Venusoberfläche wurde diese topografische Karte erstellt und deren Höhen und Tiefen künstlich eingefärbt. Als Ergebnis kam heraus, dass die Venus unter ihrem Wolkenschleier relativ flach ist. Es gibt Flusstäler über rund 100 km Länge mit nur 0,1 Grad Gefälle, in denen nur Lava geflossen sein konnte, die dünnflüssig wie kochendes Öl gewesen sein musste. Obiges Bild zeigt auf einem Vulkankegel relativ frische Lava.

Pailer 2004

Venus vor der Sonne

Pailer 2004

Sie zeigte sich wie ein „Schwarzes Loch" vor der Sonnenscheibe, als sie im Juni 2004 vor der Sonne vorbeizog. In der Vergrößerung im linken Bild sind in einem Lichtbogen Andeutungen der Venusatmosphäre auf der Höhe des Sonnenrandes durch Streulicht in ihrer Lufthülle zu erkennen. Der blaue Rand oben und der rote Rand unten deuten atmosphärische Beugung des Lichts in der Erdatmosphäre an. Der relative Vergleich der Größen von Merkur und Venus unterstreicht, was wir bereits vom Größenvergleich der Planeten wissen: Merkur ist deutlich kleiner als Venus.

Die Erde mit ihrem großem Mond hängt als eine Art Doppelplanet im Weltraum. Unser Mond ist der einzige der vielen Monde im Planetensystem, der keinen Namen hat. Er ist dabei aber auch so unverwechselbar wie die Erde, die einfach Erde heißt. Aber kleine Beigaben machen diesen Planeten zu etwas Besonderem; das wird hier am Beispiel unserer planetaren Nachbarn demonstriert: Es ist ungewöhnlich, zwei nahezu baugleiche Satelliten gleichzeitig bei Venus und Mars zu haben. Nicht ohne Stolz sage ich, dass sie aus dem Hause kommen, in dem ich meine Brötchen verdiene. Zusammen mit unserer Erde umrunden sie einen hochexplosiven Stern, unsere Sonne. Von Ergebnissen der beiden Raumsonden lernten wir, dass Ausbrüche auf der Sonne für unsere Nachbarplaneten wie atmosphärische Tsunamis wirken, die im Extremfall Teile der Atmosphäre wegreißen können (bei Mars könnte sogar die Atmosphäre weg erodiert worden sein), während die Erde einen zuverlässigen Schutz gegen solche Katastrophen besitzt:

Die Magnetosphäre als Ritterrüstung der Erde

gegen hochenergetische kosmische Teilchen, die wir durch detaillierte Untersuchungen durch die Raumsonden Cluster ziemlich genau kennen. Der Aufbau der Erdatmosphäre ist recht komplex. Wir konzentrieren uns auf zwei Größen:

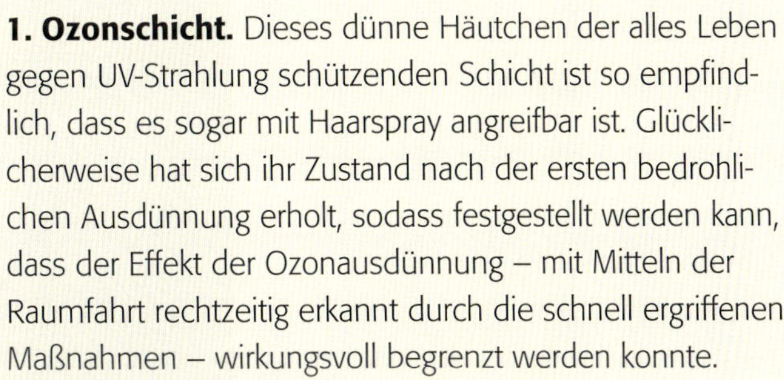

1. Ozonschicht. Dieses dünne Häutchen der alles Leben gegen UV-Strahlung schützenden Schicht ist so empfindlich, dass es sogar mit Haarspray angreifbar ist. Glücklicherweise hat sich ihr Zustand nach der ersten bedrohlichen Ausdünnung erholt, sodass festgestellt werden kann, dass der Effekt der Ozonausdünnung – mit Mitteln der Raumfahrt rechtzeitig erkannt durch die schnell ergriffenen Maßnahmen – wirkungsvoll begrenzt werden konnte.

2. Temperaturverlauf. Er zeigt, wie es die Erde schafft, als einziger bekannter Wasserplanet sein Wasser zu halten. Wie im unten stehenden Diagramm durch den Verlauf der roten Linie angedeutet, fällt die Temperatur in den ersten 10 km rapide auf bis zu -60 °C ab. Aufsteigender Wasserdampf in Form von Wolken gefriert deshalb aus und kristallisiert. Die nun spezifisch dichteren Eiskristalle können nichts anderes tun, als wieder in wärmere Bereiche abzusinken.

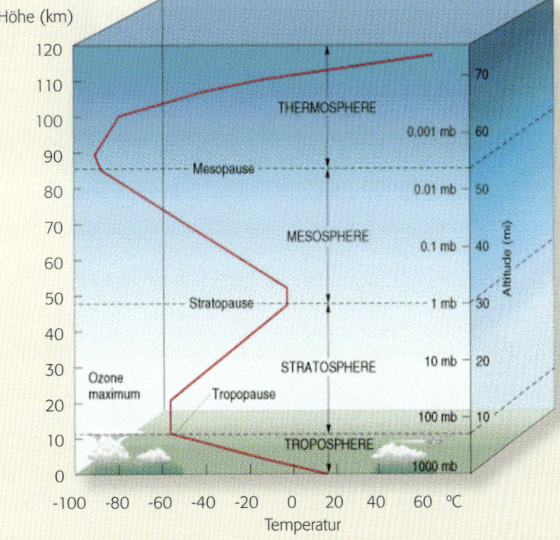

Dass die Erdatmosphäre mit erstaunlichen Fähigkeiten ausgestattet ist, klang bereits an. Dabei wurden das komplexe Wettergeschehen ausgespart und nur astronomisch orientierte Eigenschaften angesprochen. Dazu gehört auch das

Feuer des Himmels,

das von den Physikern etwas nüchtern als Zusammentreffen von hochenergetischen Sonnenwindteilchen mit den Molekülen unserer Erdatmosphäre erklärt wird. Damit mag der hintergründige physikalische Prozess angesprochen worden sein, was allerdings der Schönheit dieser Erscheinung nicht gerecht wird.

Obwohl die Erde mit ihrer Atmosphäre durch ihr Magnetfeld geschützt wird, gelingt es hochenergetischen Teilchen in der Gegend der Erdmagnetfeldpole, sozusagen zwischen den Feldlinien durchzuschlüpfen. Stark angeregte Sauerstoffatome erzeugen in einer Höhe von 100 km grünes Licht, während rotes Licht von Sauerstoffatomen aus rund 200 km stammt.

In mittleren geografischen Breiten einschließlich weiter Teile Europas sind Polarlichter äußerst seltene Ereignisse. Und wenn es sie gibt, dann meist in roter Färbung. Die Erscheinung des Polarlichtes kann uns auch eine Ahnung von der Variabilität der Sonne geben. Sprach man bislang von einer „Solarkonstanten", mit der die Energie des gesamten Sonnenlichtes die oberste Atmosphäre erreicht, so weiß man heute, dass sie im Wechsel der Sonnenfleckentätigkeit variiert. Im Bereich des sichtbaren Lichtes sind es „nur" ~ 0,1%, während die Helligkeit im hochenergetischen Teil des Spektrums im Laufe eines

Sonnenausbruchs um den Faktor hundert bis tausend in einigen Sekunden variieren kann.

Es war im 17. Jahrhundert während des sogenannten Maunder-Minimums, als der typischerweise 11jährige Aktivitätszyklus der Sonne für rund 70 Jahre ausgefallen zu sein schien. Und niemand weiß warum.

Die schützende und damit Strahlen-absorbierende Wirkung der Erdatmosphäre beeinträchtigt natürlich die Erkundung der Sternenwelten. Wir haben bereits festgestellt, dass die einzige Botschaft von der Sternenwelt uns in der Eigenschaft elektromagnetischer Strahlung erreicht. Sie ist in Form dieser in die Erdatmosphäre eindringenden Pfeile dargestellt, deren unterschiedliche Längen darauf hinweisen, in welcher Höhe sie typischerweise absorbiert werden. Nur der optisch sichtbare Teil der Strahlung erreicht die Erdoberfläche nahezu ungehindert. Erstaunlicherweise sind unsere Augen gerade auf diesen Ausschnitt des Spektrums empfindlich.

Damit ist zunächst klar, dass wir vom Boden eines gewaltigen Luftozeans aus, genannt Atmosphäre, auf die ganze Pracht der Sterne nur die Sicht von Tiefseefischen haben. Wir blicken auf die Sterne nur wie durch ein schmutziges Kellerfenster. Das bedeutet aber auch:

Die Atmosphäre schützt vor gefährlicher Strahlung.

Ansonsten würden wir z. B. Tag und Nacht geröntgt, was so gesund auch nicht sein soll. Der entscheidende Beitrag der Raumfahrt für die Weltraumerkundung war die Überwindung dieser Atmosphäre, um mit Hilfe von Teleskopen Sternbeobachtungen von einer Position jenseits der Atmosphäre durchzuführen. Wir betreiben also Weltraumerkundung mit Mitteln der Raumfahrt nicht, um den Sternen näher zu sein, sondern nur um sie jenseits der Strahlen-absorbierenden Atmosphäre in günstiger Position zu erkunden. Da wir nur unter Aufwendung unserer stärksten Raketen und nur unter Ausnutzung von Fly-by – Manövern als planetaren Tankstellen gerade eben in der Lage sind, unser wenige Lichtstunden großes Planetensystem zu kreuzen, haben wir aus heutiger Sicht keinerlei Chancen, auch nur den nächsten Stern, der mehr als vier Lichtjahre entfernt ist, zu erreichen.

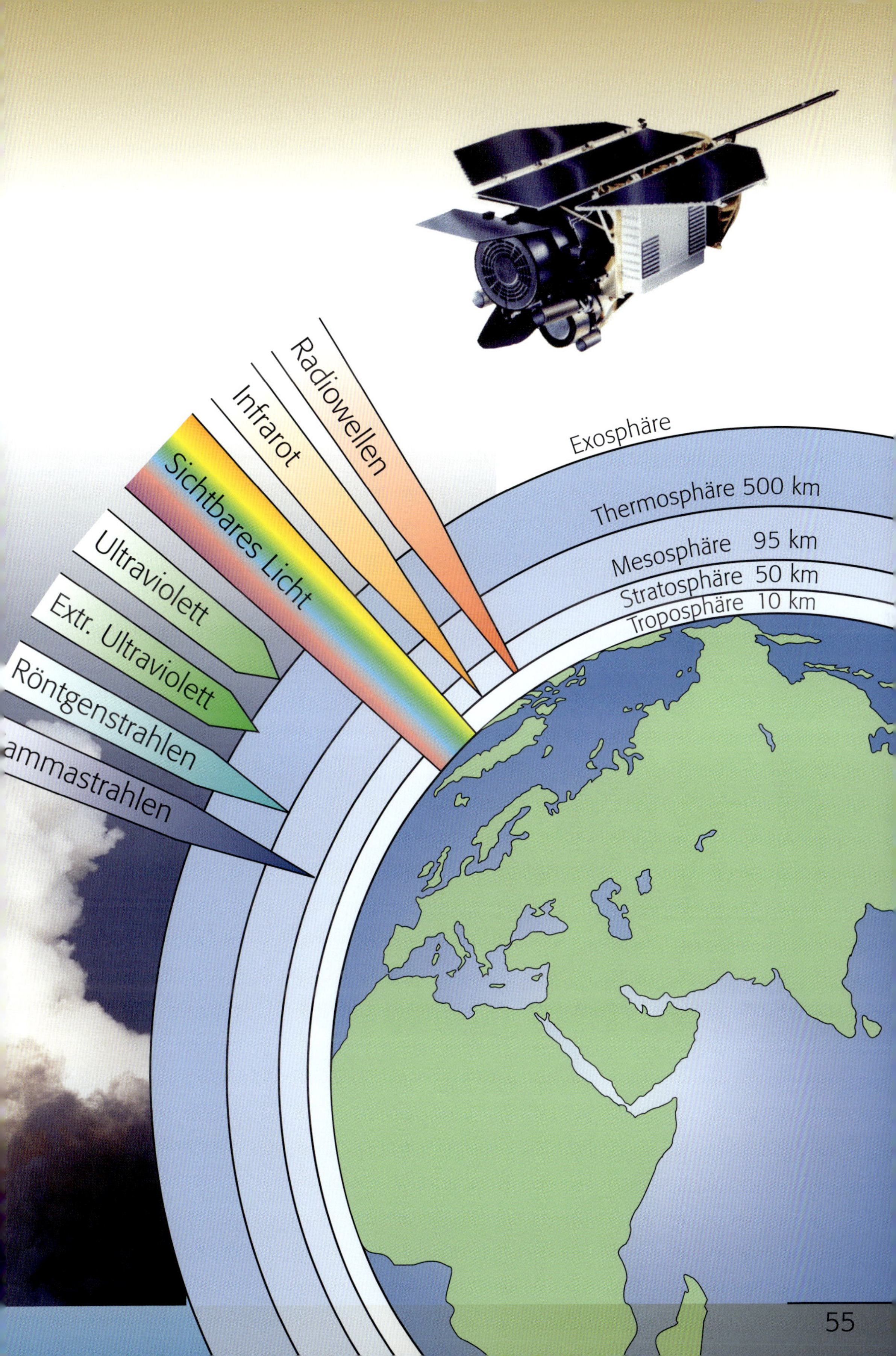
Radiowellen
Infrarot
Sichtbares Licht
Ultraviolett
Extr. Ultraviolett
Röntgenstrahlen
ammastrahlen
Exosphäre
Thermosphäre 500 km
Mesosphäre 95 km
Stratosphäre 50 km
Troposphäre 10 km

Die Erde ist der bisher einzige Planet mit Wasser

Die Ökosphäre der Erde war bislang ein wohnlicher Bereich. Die meisten Entwicklungen der letzten 10 000 Jahre – wie Landwirtschaft, Kultur, Städtebau, Industrialisierung und die Zunahme der Bevölkerung von einigen Millionen zu fast sieben Milliarden – hat sie gut weggesteckt. Alles blieb erstaunlicherweise innerhalb komfortabler Grenzen, angefangen vom Klima bis hin zum Trinkwasser. Aber heute leben wir im anthropogen dominierten Zeitalter: Der Mensch hat die Kontrolle des Raumschiffes Erde an sich gerissen.

Hier ist der Blaue Planet, wie ihn die Mondfahrer sahen: Am linken Rand des Globus ist das Mittelmeer zu sehen, an dessen Küste eine der ersten Hochkulturen entstand.

an der Oberfläche. Man kann deutlich das Blau des Ozeans, das gelbliche Grün der Wälder und Steppen ausmachen. Aber es gibt keine Spur von menschlichem Leben. Nichts von unserer Arbeit, nichts von unseren Maschinen, nichts von uns selbst. Wir sind viel zu klein, um von einem Raumschiff zwischen Erde und Mond entdeckt zu werden. Im Maßstab von ganzen Welten sind Menschen völlig unbedeutend, eine dünne Schicht Leben auf einem dunklen, einsamen Klumpen aus Gestein und Metall, der irgendwo verloren in den Weiten des Alls treibt.

Was heißt hier: … irgendwo – verloren im All? Die Illustration zeigt den inneren Teil des Planetensystems mit Sonne, Merkur, Venus, Erde und Mars. Ein gewisser Ringbereich ist aufgehellt, um die

Auch bei Galaxien spricht man von einem Grüngürtel, in dem beispielsweise aufgrund von Sternentwicklungsmodellen genügend schwere Elemente für die Bildung erdähnlicher Planeten vorliegen sollen.

Erdbahn inmitten des Grüngürtels der Sonne

zu zeigen, ein Bereich, in dem Wasser auf Dauer weder gefriert noch verdampft. Venus und Mars mögen geologisch gesehen „Geschwister der Erde" sein, aber um darauf zu leben, taugen sie nicht. Sie liegen an der inneren bzw. äußeren Grenze des Bereiches, wo flüssiges Wasser aufgrund der Sonnenwärme möglich ist. Außerdem haben rund 60 Jahre experimentelle Forschung zum Ursprung des Lebens in den Disziplinen der chemischen und molekularen Evolution lediglich zu einer besseren Wahrnehmung der immensen Probleme des Ursprungs des Lebens als zu einer Lösung geführt.

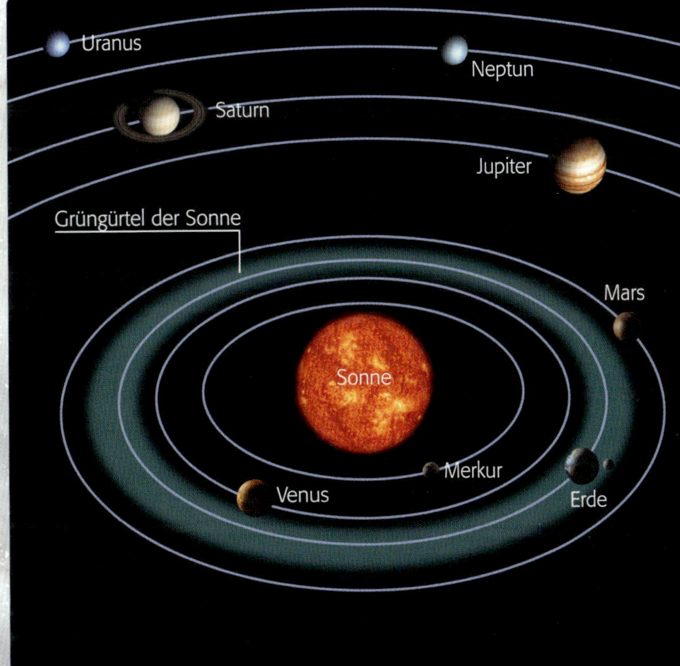

Allein kleine Abstandsänderungen der Erdbahn im einstelligen Prozentbereich können die Bedingungen auf der Erde in Venus- bzw. Mars-ähnliche Verhältnisse überführen. Die Aufrechterhaltung Lebens-unterstützender Umstände sind nicht auf flüssiges Wasser und gewisse atmosphärische Bedingungen zu reduzieren. Die Verhältnisse sind weit diffiziler.

So erstreckt sich z. B. in unserer Milchstraße ein rund 1 500 Lichtjahre breiter Ring mit diesen Voraussetzungen in einem Abstand vom Zentrum von rund 30 000 Lichtjahren, der diese Voraussetzung erfüllt. Und die Erde liegt mitten drin (siehe Teil 3).

Im Gegensatz zur Venus hat der viel kleinere Planet Mars eine auffallend extreme Topographie. Im Bereich der Schildvulkane wachsen Berge bis zu rund 24 000 m in den Marshimmel. Gleichzeitig haben wir im Bereich des Äquators ein ausgeprägtes Grabensystem, die Valles Marineris. Es ist rund 4 000 km lang und bis zu 5 km tief und 200 km breit. Es soll Menschen geben, die allein beim ersten Anblick des Grand Canyon so überwältigt sind, dass sie vor Ergriffenheit weinen. Dabei ist er nur eine Art Oberflächenrauigkeit gemessen an diesem Profil: Fragt man einen Geologen nach der Entstehung dieses imposanten Gebildes, so argumentiert dieser im Allgemeinen mit Erosion durch Wasser über lange Zeiträume. Für das eben genannte Ausmaß des Grabensystems ist das Hundertfache an Wassermassen nötig, das heute beim Delta des Mississippi ankommt. Nur woher sollten sie kommen, diese gewaltigen

Wassermassen auf einem knochentrockenen Planeten?

Hinter der Frage nach Wasser steht immer auch die weiter gehende Frage nach Leben. Dabei geht man davon aus, dass Leben immer dann entsteht, wenn Wasser und Licht – und vielleicht noch ein paar organische Ingredenzien – lange genug zusammen spielen. Entsteht so wirklich Leben (3)? Unser Laborwissen hat darauf bislang keine Antwort. Gehen wir also zurück zu der elementaren Frage, die Lebensmöglichkeit betrifft: Gibt es Wasser auf Mars?

Unsere Raumsonde Mars Express hat diese sanduhrförmige Struktur auf der Marsoberfläche entdeckt. Wird sie über aufwändige Programme räumlich dargestellt und in der vertikalen Richtung gestreckt, so entsteht die unten gezeigte Szene. Durch die räumliche Darstellung wird anschaulich, wie Schneewolken ihre Last am Berghang abladen, damit sie sich in unten liegenden Becken sammelt. Ein zeitnaher Vulkanausbruch mit seinem Ascheregen konservierte die Szene. Damit haben wir das erste

Bild eines außerirdischen Gletschers

vor uns. Eis oder Schnee sind allerdings nicht die große Überraschung. Eislager sind schon mit meinem Selbstbau-Teleskop hinterm Haus am Nordpol des Mars zu sehen. Auch hat das Landegerät Phönix eine Art Schneesturm auf Mars schon beobachtet. Aber die eigentliche Frage war die nach flüssigem Wasser. Bisher ist flüssiges Wasser sicher auf den Landebeinen von Phönix nachgewiesen worden, auf denen sich bei der Landung aufgewirbelte Eisteilchen verflüssigten. Eigenschaften waren: saures und salziges Wasser.

Wenn auch das Wasser nicht sehr lebensfreundlich zusammengesetzt ist, laufen dennoch Pläne für eine bemannte Mission zum Mars. Da der Mensch unglaubliche Ansprüche hat bis hin zu psychologischen Aspekten, ist der radikalste Plan aus den USA, Menschen wie damals bei der Besie-

delung der Neuen Welt mit einer Überfahrt ohne Rückfahrkarte loszuschicken. Dabei wird alles Menschenmögliche vorbereitet, der Rest bleibt der Besatzung überlassen. Sollte die NASA in weiteren, sagen wir 20 Jahren, mit einem besseren Budgetrahmen ausgestattet sein, könnte man ja mal schauen, wie sich die Sache mit Menschen auf dem Mars entwickelt hat. – So ein paar Risiken muss man bei der Besiedelung von Mars schon in Kauf nehmen! Andererseits wird zu recht darauf hingewiesen, dass Menschen sich heute bei ihren Freizeitunternehmungen alles andere als risikoarm geben. Zudem gehören Starts und Landungen von Raumfahrzeugen immer noch zu den kritischsten Phasen einer Weltraummission, die so halbiert werden könnten, ebenso wie die Strahlenbelastung, gegen die man sich auf Mars sicher eher schützen kann als in einem Raumfahrzeug. Also doch kein pures Selbstmordunternehmen?! – In jedem Fall das aufwändigste aller Zeiten!

Dies ist keine Makroaufnahme meines unrasierten Gesichts. Das ist ein Dünenfeld auf Mars in 83,5° nördlicher Breite, weniger als 400 Kilometer entfernt vom Nordpol. Der ewige Marswind formte die gewaltigen Sanddünen mit ihren markanten kleinskaligen Wellen. Die gezeigte Szene ist etwa 1 Kilometer groß. Objekte bis herunter zu 25 Zentimeter sind auf dieser vom Mars Reconaissance Orbiter erzielten Aufnahme aufgelöst.

Wenn im Mars-Frühling das Eis sublimiert, dann beeinflusst das auch die Form der Sanddünen. Sie werden instabil und rutschen ab. Damit legen sie Basaltformationen in ihrem Zentrum frei, deren Sand sich durch die dunkle Farbe bemerkbar macht.

Wieso kommt man nun darauf, dass die dunklen Strukturen aus Sand sind, der bergab fließt? Sand wurde gerade erwischt, als er abrutschte: Links außerhalb der Mitte kann eine

Sandlawine in Aktion

gesehen werden, erkenntlich an der rotbraunen Staubwolke.

Die wie Bäumchen aussehenden Strukturen werden als dunkler Basaltsand verstanden, der durch das Sublimieren der CO_2-Eisschicht freigelegt wurde und zur Bildung von Sandkaskaden führte. Die Staubwolke ist nur ein paar Dutzend Meter groß und die Staublawine nicht mehr als ein paar Sekunden alt. Ein goldener Schuss! Dass es keine Bäumchen sind, erkennt man schon am fehlenden Schatten.

Eine solche Szene ist erstaunlich und schockierend zugleich. Man stelle sich Menschen auf diesem Planeten vor, die keine Luft zum Atmen haben, für die es bitter kalt ist, wo es den allgegenwärtigen Marsstaub gibt, die kurzwellige Strahlung der Sonne – und dann rutscht ihnen anscheinend noch gelegentlich der Marsboden unter den Füßen weg. Ein wahrhaft unwirtliches Leben!

Wir sollten uns wirklich keine Hoffnung machen, nachdem wir ziemlich schonungslos mit unserem Planeten umgegangen sind, auf Mars eine lebensfreudige Umwelt vorzufinden.

Die Suche nach Wasser auf Mars wurde auch auf mögliche Rückzugsgebiete von Wasser angesetzt, z. B. auf große, flache Krater. Wir sehen ein Beispiel einer solchen flachen Struktur. Eingetaucht in schönes Licht finden wir eine

Dünenlandschaft auf dem Kraterboden

des Victoria-Kraters. Messungen von Rückständen des Wassers bestätigten zuvor erhaltene Ergebnisse: zu sauer und zu salzig für Leben. Sollten allerdings trotz widriger Umstände einfache Lebensspuren je auf Mars gefunden werden, so würde damit die Frage nach ihrem Ursprung im Dunkeln bleiben. Denn durch Hochgeschwindigkeits-Einschlagsvorgänge kann Auswurfmaterial derart beschleunigt werden, dass es den Anziehungsbereich eines Planeten verlassen kann. So haben wir in unseren Laboratorien bereits Marsmaterial, z. B. den Stein ALH84001,0, obwohl eine erste Mission zur Mars-Probenrückführung noch aussteht. Deshalb ist es nicht auszuschließen, dass über diesen Transportmechanismus oder über nicht ausreichend sterilisierte Landegeräte bereits andere Mond- oder Planetenoberflächen von biologischem Material von der Erde erreicht und kontaminiert wurden. In diesem Sinne wird z. B. der Erdmond als ein ideales Museum für Material von der Erde betrachtet, das so irdischen Veränderungen durch Erosionsprozesse entging. Diese Erkenntnis ist einer der Gründe für die gelegentliche Mondeuphorie.

Mit dieser Betrachtung verlassen wir den Bereich der inneren Planeten, indem Bemerkenswertes nochmals kurz zusammengefasst werden soll. Es wurden

- Ordnungsprinzipien im Planetensystem diskutiert
- auf den komfortablen Platz der Erde in der Ökosphäre der Sonne aufmerksam gemacht
- auf den unverzichtbaren Schutz durch die Erdmagnetosphäre hingewiesen
- die Erde wurde als bisher einziger Planet mit Oberflächenwasser eingeführt
- Venus und Mars wurden als nicht tauglich für Leben diskutiert

Es sagt sich so leicht, dass nach der Ausbeutung irdischer Ressourcen der Mond und in Folge der Mars ein zukünftiger Zufluchtsort für die Menschheit sein könnte. Lassen wir uns beispielhaft ein paar Aspekte des Mondes vor Augen führen, die wir durch bemannte Kurzzeitbesuche ein bisschen kennen lernten:

Strahlungsumgebung. Es ist richtig, dass es in einer Erdumlaufbahn bereits Langzeiterfahrungen von Menschen gibt. Dort hat man sich allerdings immer noch im Schutz der Erdmagnetosphäre befunden, die kosmische Strahlung und hochenergetische elektrische Teilchen abhält. Aber der Mond und andere Objekte unserer planetaren Umgebung befinden sich außerhalb dieses starken Schutzwalls. Von Sonneneruptionen oder nahen Sternexplosionen erreichen uns mikroskopisch kleine „Geschosse", die in menschliche Zellen eindringen und lebenswichtige Moleküle aufbrechen, wie z. B. die DNA. Deshalb brauchen Menschen jenseits des schützenden Erdmagnetfelds „Abschirmungsbunker".

Elektrisch geladener Staub. Der größte Risikofaktor auf dem Mond ist der allgegenwärtige Staub. Wegen fehlender Erosionsprozesse und reduzierter Schwerkraft ist er wie eine allgegenwärtige Wolke messerscharfer Teilchen, die überall kleben, unabhängig von der Beschaffenheit des jeweiligen Materials. Das Tränen der Augen, jeder Atemzug, jedes bewegte mechanische Teil, jeder optische Spiegel, Kameras, jeder Platz in- und außerhalb des Raumfahrzeugs, jede Pore der Haut – alles ist betroffen.

Selbst das Essen schmec

so die Mondfahrer bei ihren Kurzaufenthalten. Er klebt überall und ist aggressiv. Bei Langzeitaufenthalten kann dieser Staub in der Lunge das auslösen, was man von Asbest auf der Erde kennt. Auf der Tagseite des Mondes ist er durch die UV-Strahlung der Sonne elektrisch geladen und schwebt teilweise über dem Boden.

Temperaturschwankungen. Der Tag-Nacht-Zyklus auf dem Mond dauert bekanntermaßen rund 30 Tage. Langzeitmissionen sind für die Äquatornähe geplant. Höchste Temperaturwerte liegen bei Tag um +107 °C, während sie in der Nachtzeit auf -150 °C abfallen. Sollte bei allen gegenwärtigen Unsicherheiten das Auffinden von Wassereis auf dem Mond auf den von Sonnenstrahlen nicht erreichbaren Böden von Kratern erfolgreich sein, so wird in diesem Permanentschatten ein Abbau höchst

kompliziert werden, denn jedes mechanische Teil bei diesen Temperaturen zu operieren wird nicht einfach sein, zumal das Wassereis hart wie Granit sein wird. Zusätzlich ist im Permanentschatten das Energieproblem zu lösen und das Ganze muss zugänglich sein.

Simulation haben darüber hinaus gezeigt, dass besagte polnahe Krater eine komplexe elektrische Umgebung haben, weil sie vom Sonnenwind bis zu einigen Hundert Volt aufgeladen werden können.

Um die äußeren Planeten zu erreichen, muss der Asteroidengürtel gekreuzt werden. In den Anfängen der Raumfahrt wurde dies zunächst als eine Gefahr für die Satelliten betrachtet, während diese Objekte heute teilweise bestimmend für die Festlegung des Startfensters einer Mission sind. Asteroiden sind aber auch interessante Objekte, an denen zudem erste Tests der Instrumente vorgenommen werden können, nachdem die bisherige Reise in einsamer Nacht stattfand.

Nach dem Durchqueren des Asteroidengürtels erreichen wir den Gasriesen Jupiter mit seiner schönen, auffällig gestreiften Atmosphäre. Die markanteste Struktur ist der sogenannte Große Rote Fleck, ein

gewaltiges Sturmgebiet von rund dreifacher Erdgröße.

Hier toben Orkane mit Geschwindigkeiten von rund 500 km/h. Gleichzeitig gibt es Blitze, deren Energie eine Großstadt zerlegen kann. Neben der Frage, woher die Energie in so großer Entfernung von der Sonne als einziger effektiver Energiequelle kommt, bleibt es rätselhaft, wie benachbart liegende Wolkenschichten sich teilweise gegenläufig bewegen.

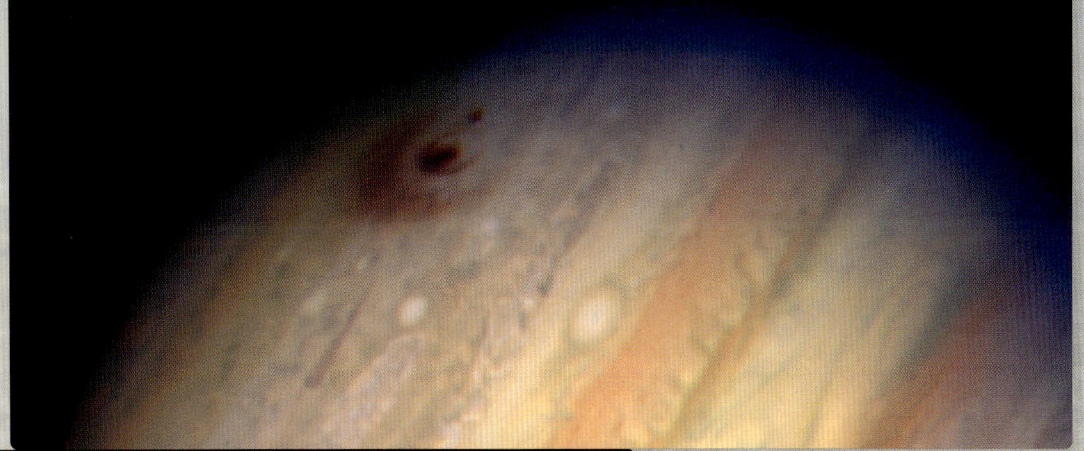

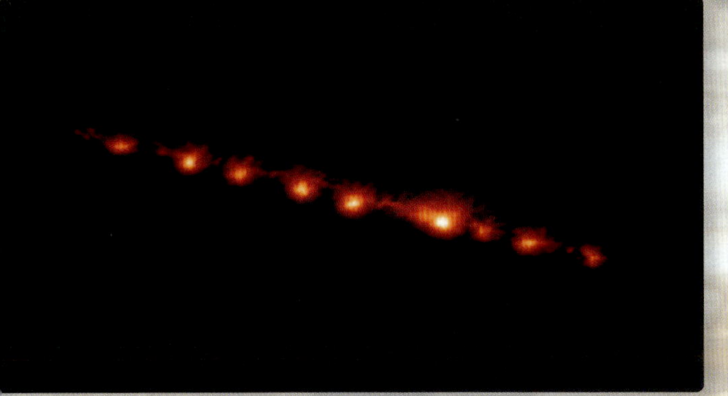

Hat Jupiters Größe eine Funktion? Eine schlüssige Antwort auf diese Frage wurde im Jahr 1994 auf dramatische Weise demonstriert: Ein neuer Komet wurde von den Herren Gene Shoemaker und David Levi entdeckt. Sein Kurs war von außen kommend Richtung Sonnensystem-Inneres gerichtet. Auf seinem Weg musste der Komet Shoemaker-Levi an Jupiter vorbei. Dieser hat mit seiner großen Anziehungskraft die Kometenbahn beeinflusst. Dabei auftretende Kräfte überstiegen die Festigkeit des Kometen, was ihn in 21 Bruchstücke zerlegte. Damit war eine

kosmische Perlenschnur“ uf Kollisionskurs mit der Erde.

Glücklicherweise hat Jupiter nicht nur die Bahn beeinflusst und das Objekt zerkleinert, sondern hat uns auch den Gefallen getan, diese Brocken aufzusammeln. Wir konnten mit allen uns zur Verfügung stehenden Teleskopen am Boden und im Weltraum zuschauen. So hat sich Jupiter als Kometenfalle für die Erde erwiesen, ein Schutzschild für das Leben. Wie ein blaues Auge hängt das Ergebnis eines Zusammenstoßes mit Jupiter in dessen Atmosphäre auf obigem Bild. Und wehe uns Irdischen, wenn uns auch nur einer dieser Brocken getroffen hätte! Jupiter ist ein großer gravitativer Staubsauger zum Schutz der Erde. Sie wird im Schnitt alle 10 Jahre von einem 10 Meter großen Objekt getroffen, während sie auf Jupiter einige Male pro Monat einschlagen.

Um die Erde in Zukunft vor Einschlagsereignissen zu schützen, sind weltweit Programme von den Raumfahrtbehörden initiiert worden. Man ist zuversichtlich, dass die Raumfahrttechnik in der Zwischenzeit angemessene Mittel zur Verfügung hat, um solche Katastrophen zu verhindern, zumindest, wenn es sich um Zusammenstöße mit kleineren Körpern handelt.

Am 30. Juni 2008 jährte sich zum 100. Mal ein Ereignis auf unserem Planeten, als uns ein relativ kleines Objekt von etwa 30 m Größe traf: der Tunguska-Meteorit. Über ein weites Gebiet von rund 2 000 Quadratkilometern waren acht Millionen Bäume abgeknickt, deren Richtung zum Epizentrum, dem „ground zero", deuteten. Dort standen noch zweiglose Baumstummel

wie ein Wald von Telegrafenmasten.

37 Jahre später gab es eine solche Katastrophe noch einmal auf diesem Planeten: nach dem Abwurf der Hiroshima-Bombe. Wäre der Meteorit vier Stunden später eingeschlagen, hätte er St. Petersburg oder Moskau mit einer Wucht von rund 200 Hiroshima-Bomben getroffen.

Die Erde wird täglich bombardiert. 50 000 Tonnen interplanetares Material treffen uns jährlich meist in Form von kleinen Körnchen. Glücklicherweise fragmentieren größere Brocken in der Atmosphäre, während Objekte größer als etwa 50 m die Erdoberfläche erreichen. Oben stehend ist eine solche Katastrophe künstlerisch dargestellt.

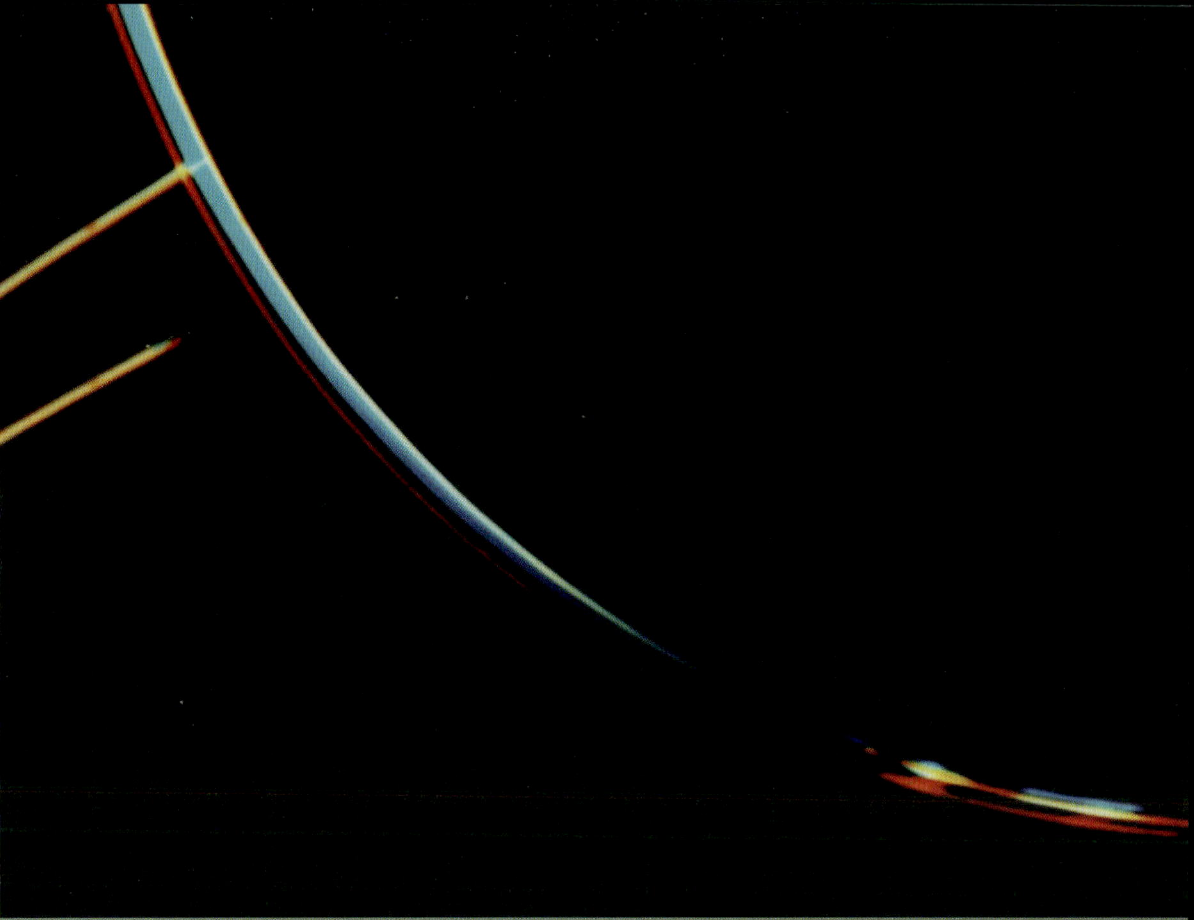

Erste Strahlen tauchen die obersten Atmosphärenschichten in schönstes Licht: Es ist

Morgenstimmung auf Jupiter.

Wenn die nahezu parallelen Linien am linken Bildrand außerhalb des Bildformats zu einer Haarnadel ergänzt werden, dann haben wir das vollständige Bild der Entdeckung des Jupiter-Staubringes vor uns. Das Insert rechts zeigt einen Vulkan-aktiven Ausschnitt des Jupitermondes Io, dessen Vulkanasche zum Erhalt des Staubringes beitragen mag.

Natürlich sind die Ressourcen eines kleinen Mondes begrenzt und damit auch der Nachschub für den Staubring. Aber das ist nach heutigem Verständnis typisch für planetare Staubringe. Auch wenn ihre Natur, ihre Struktur und ihr Ursprung ganz unterschiedlich sein mögen, so sind sie durchweg Kurzzeitphänomene. Im Abgleich von Voyager-Bildern mit heutigen Hubble-Weltraumteleskop-Bildern können in dem kurzen Zeitraum von rund 20 Jahren bereits Auflösungserscheinungen z. B. am Neptunring festgestellt werden. Es ist bemerkenswert, dass gerade dann, wenn Menschen technisch in der Lage sind, sie detailliert zu beobachten, alle äußeren Planeten Staubringe zeigen.

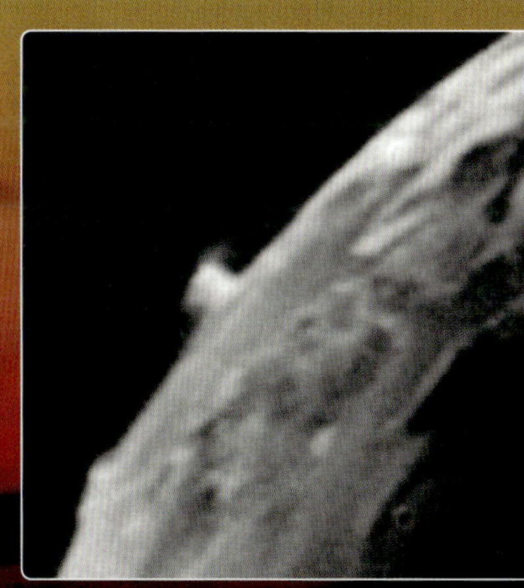

Zunächst war es völlig überraschend, einen Vulkan-aktiven Mond vorzufinden, wobei man Monde für die langweiligsten Gesellen im Raum schlechthin hielt. Angesichts ihrer relativ kleinen Größe und der langen Aufenthaltsdauer im kalten Weltraum wurden sie als eintönige, weil erstarrte, Kugeln betrachtet. Nun hat der direkte Besuch durch Mittel der Raumfahrt sie zu den interessantesten Objekten im Planetenraum gemacht.

Im August 2009 konnte ich mit dem Teleobjektiv meiner fest stehenden Kamera alle vier großen Monde des Jupiter abbilden (Bild unten). Es ist eine Szene, die Galilei vor 400 Jahren mit dem ersten je zum Himmel gerichteten Teleskop im Auge hatte, als er nachwies, dass die Erde nicht die Mitte des Weltalls ist.

© N. Pailer 2009

Der Jupitermond Io (Bild oben) ist nicht der einzige Mond, der in den letzten Jahren Aufmerksamkeit erregte, wenn auch sein Vulkanismus so aktiv ist, dass seine Oberfläche innerhalb von rund 1 000 Jahren neu kartografiert werden muss. Ursache des Io-Vulkanismus soll die ungewöhnliche gravitative Wechselwirkung des großen Jupiter und seiner Monde sein, die Walkarbeit im Innern von Io leisten. Allerdings hat man auch bei dem Neptunmond Triton ohne die bei Jupiter befindlichen Verhältnisse vulkanische Spuren ausfindig gemacht.

Monde sind voller Überraschungen!

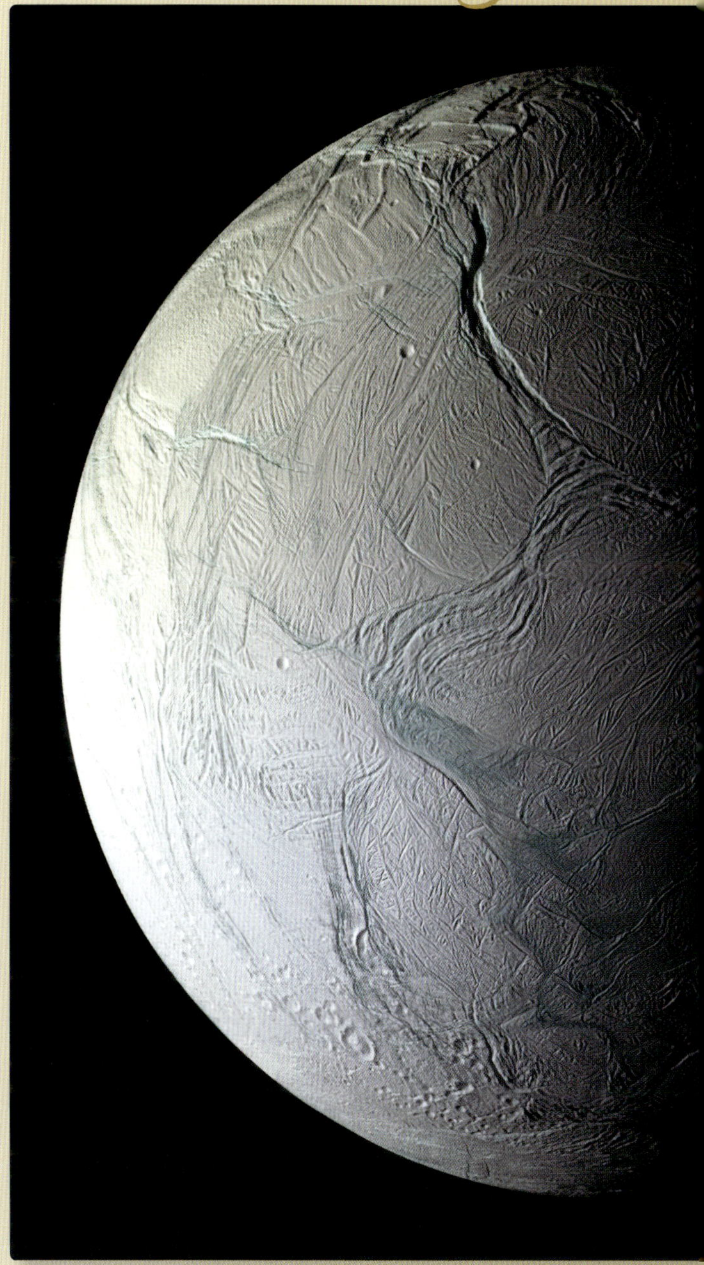

Das gilt auch für den Saturnmond Enceladus, der einen Kometen-ähnlichen Schweif ausbildet. Dies wird in Zusammenhang mit Oberflächen-Thermal-Spannungsrissen in tigerähnlichen Mustern gebracht: Zunächst ist alles völlig ruhig, bis es zu einer Explosion kommt und ein Geysir Eiskristalle mit 1 600 km/h ausspuckt. Möglicherweise tritt Wasser eines unsichtbaren unter dem Oberflächen-Eispanzer liegenden Ozeans über diese Spannungsrisse aus, das dann zu Eiskristallen umgeformt wird. Damit ist wieder die Frage nach flüssigem Wasser im Planetensystem aufgeworfen. Sollten sich Wasservorkommen bestätigen, dann könnte man auch dem Planeten Saturn eine Art „Ökogürtel" zuordnen, was immer das für Enceladus bedeuten würde.

Saturn – Herr der Ringe! Das eigentliche Beispiel für Schönheit, Eleganz und Grazie im Planetenraum.

Saturn, so schön wie kein anderer!

Man muss ihn einmal durch die Optik eines Teleskops life gesehen haben, wie er mit stoischer Ruhe auf dem samt-schwarzen Hintergrund des Nachthimmels dahin zieht. Umschwärmt von zahlreichen Monden zieht er gleitend seine Bahn, die in regelmäßigem Rhythmus von 15 Jahren den Sichtwinkel zur Ringebene ändert. Gerade letzte Nacht habe ich mit einem australischen Kollegen den besonderen Anblick genossen, wie er zur Zeit (Mitte des Jahres 2009) seinen unübertroffen schönen Ring „verschwinden" lässt, weil wir ihn von der Erde aus in Kantenlage sehen. Nur eine messerscharfe Lichtkante eines schmalen Bandes überragt den Planetenkörper, und allenfalls eine dunkle Linie entlang des Äquators, parallel zur pastellfarbenen Streifung der Saturnatmosphäre, deuten noch vage seine Existenz in meinem Teleskop an. Ein Anblick – einfach zum Schwärmen, zumal bei verschwindendem Ringsystem sich der Kontrast für die

© N. Pailer 2009

© N. Pailer 2009

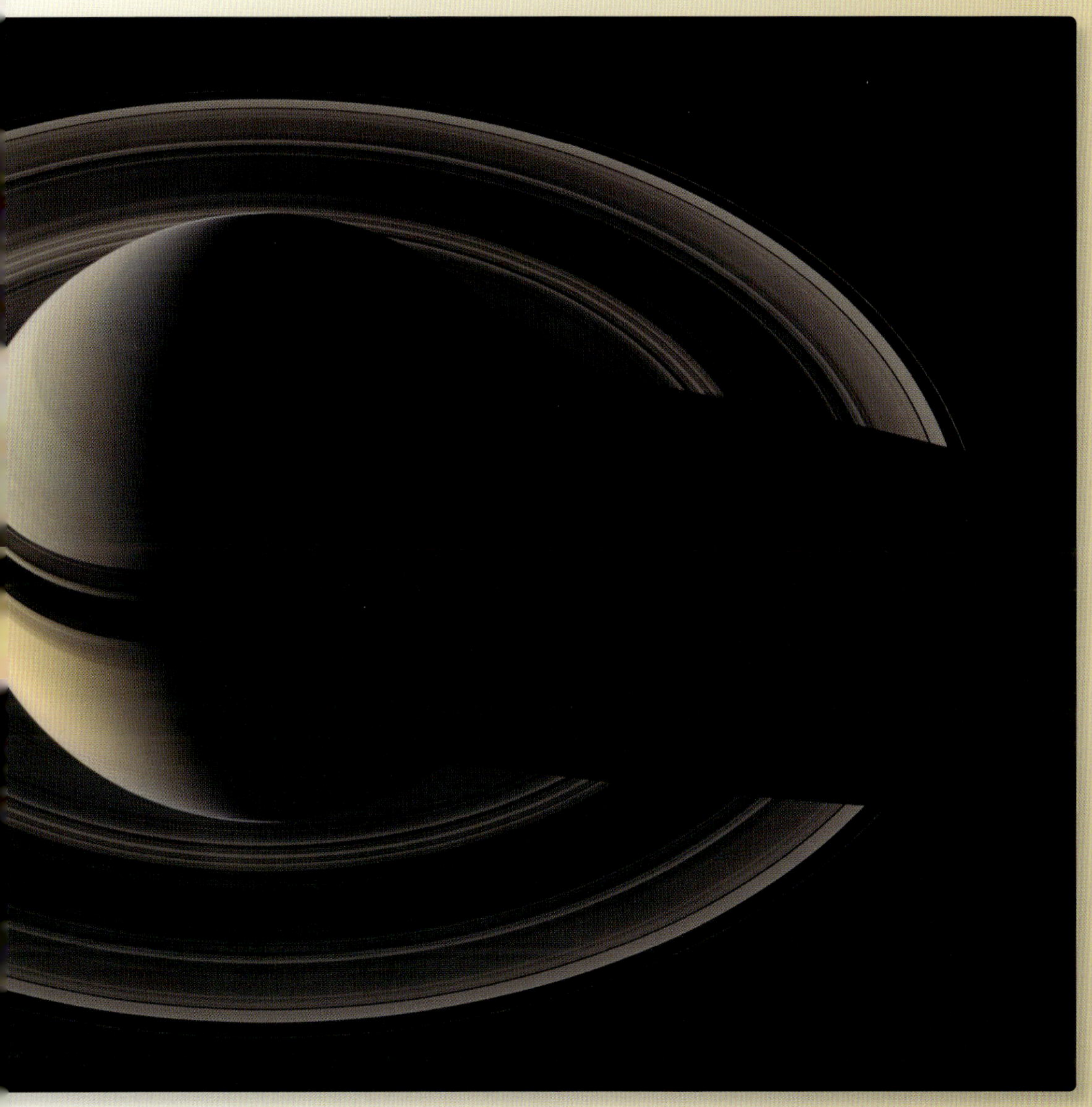

Beobachtung von Saturnmonden deutlich verbessert! Wir sehen von links nach rechts Titan, Tethis, Enceladus, Dione und Rhea. Da steigen bekannte Psalmworte in einem hoch, falls es hier noch Worten bedarf.

Das Ringsystem des Saturn kann man sich als Trümmerstrecke von kleinsten 1/1 000 mm bis hin zu berggroßen Eis- und Gesteinsbrocken vorstellen, die in hochgradig geordneten Bahnen und oft mit scharf definierten Grenzen zu Nachbar-Ringteilen eine Strecke von der Erde bis fast zum Mond ausfüllt. Falls man sich das vorstellen kann.

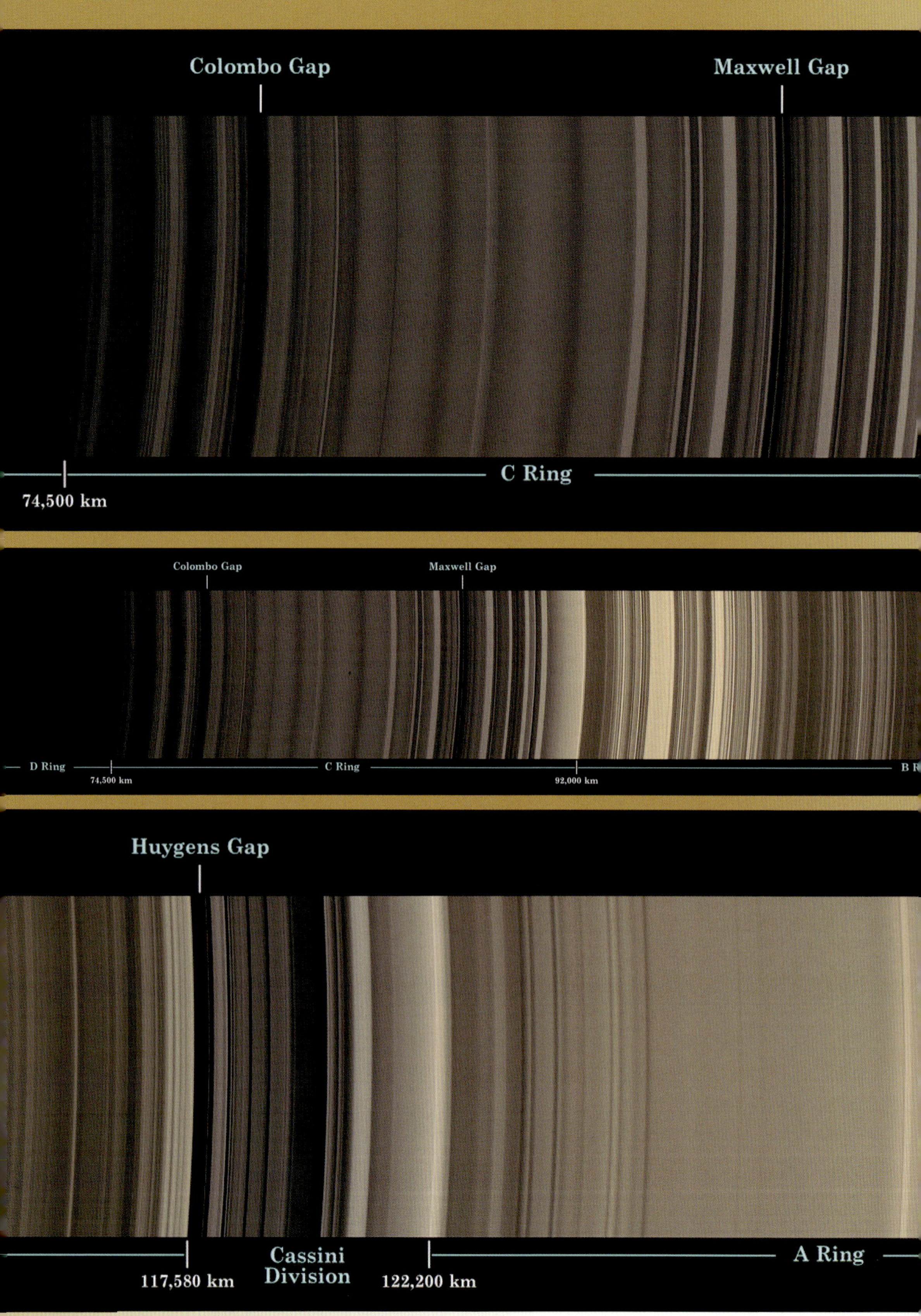
Colombo Gap
Maxwell Gap
74,500 km
C Ring
Colombo Gap
Maxwell Gap
D Ring
74,500 km
C Ring
92,000 km
Huygens Gap
117,580 km
Cassini Division
122,200 km
A Ring

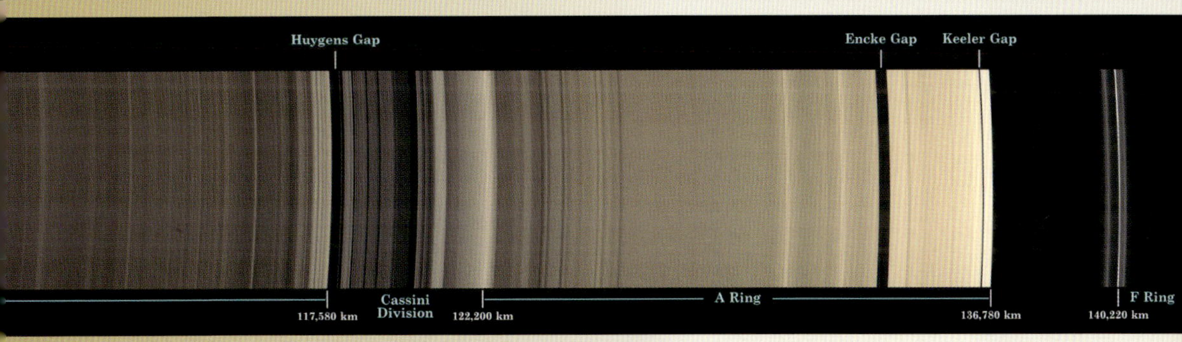

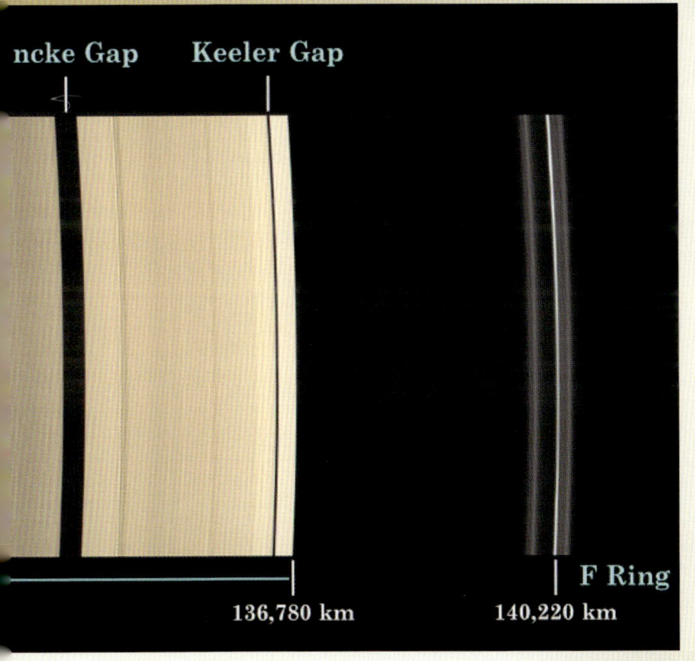

„Es macht betroffen, auf das Rätsel der hochgradigen Ordnung im Saturn-Staubring vom bequemen Standpunkt des Besserwissenden zu lesen:
Saturn soll einen Kometen eingefangen haben, dessen Schweif auf enger werdenden Bahnen zum Staubring wurde. Sprachlosigkeit wäre die ehrlichere Reaktion gewesen."

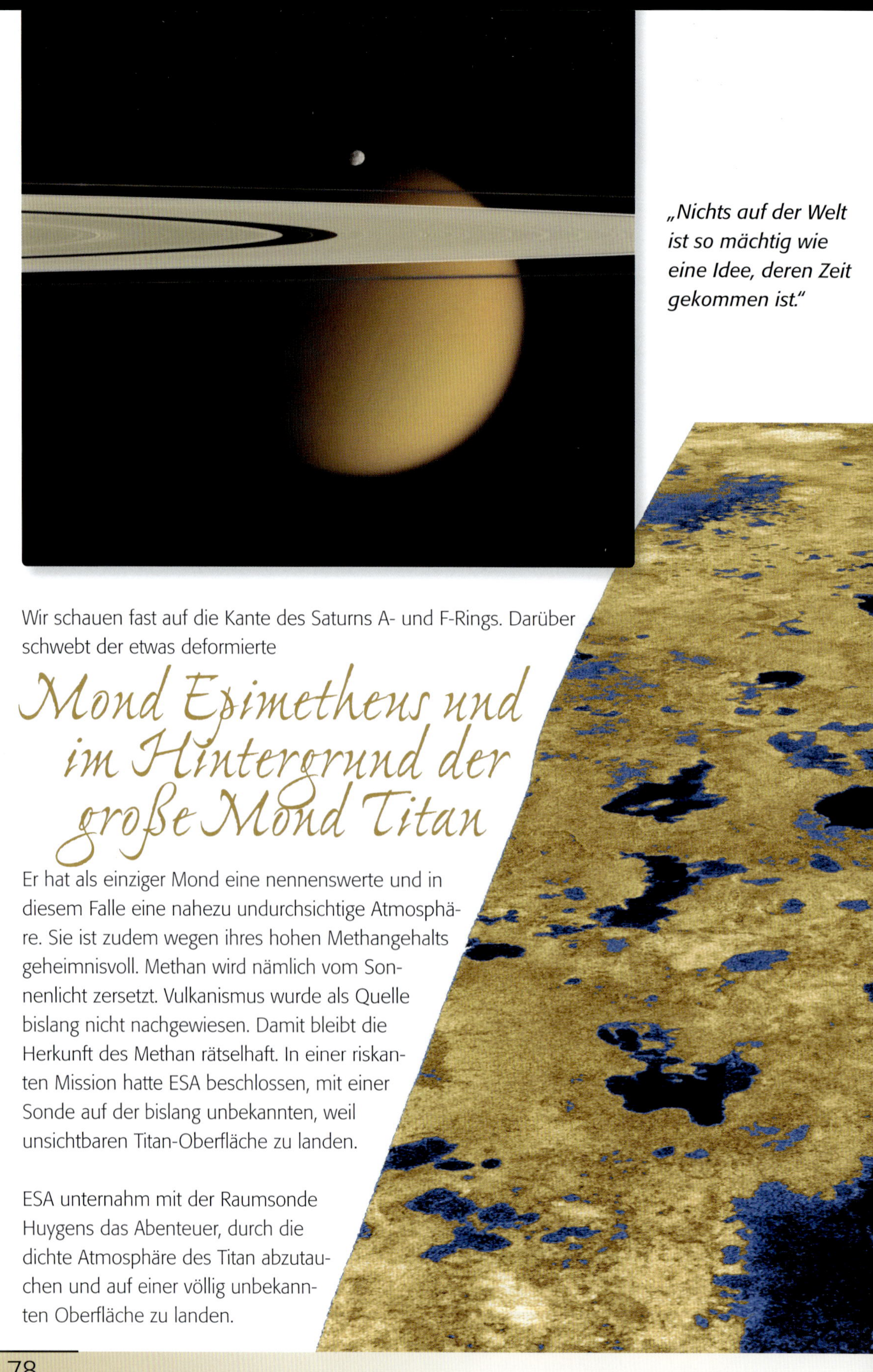

„Nichts auf der Welt ist so mächtig wie eine Idee, deren Zeit gekommen ist."

Wir schauen fast auf die Kante des Saturns A- und F-Rings. Darüber schwebt der etwas deformierte

Mond Epimetheus und im Hintergrund der große Mond Titan

Er hat als einziger Mond eine nennenswerte und in diesem Falle eine nahezu undurchsichtige Atmosphäre. Sie ist zudem wegen ihres hohen Methangehalts geheimnisvoll. Methan wird nämlich vom Sonnenlicht zersetzt. Vulkanismus wurde als Quelle bislang nicht nachgewiesen. Damit bleibt die Herkunft des Methan rätselhaft. In einer riskanten Mission hatte ESA beschlossen, mit einer Sonde auf der bislang unbekannten, weil unsichtbaren Titan-Oberfläche zu landen.

ESA unternahm mit der Raumsonde Huygens das Abenteuer, durch die dichte Atmosphäre des Titan abzutauchen und auf einer völlig unbekannten Oberfläche zu landen.

Kollegen bei der Integration der Atmosphärensonde Huygens am amerikanischen Weltraumbahnhof Cape Canaveral in Florida. Sie bereiten damit gleichzeitig eine Sternstunde der Astrophysik vor: Theoretiker haben nämlich mit den bislang zur Verfügung stehenden Kenntnissen ermittelt, dass die Verhältnisse auf Titan möglicherweise so gestaltet sind, dass sich unter der undurchsichtigen Wolkenhülle des Titan eine Methanseenlandschaft befinden sollte. Deshalb musste unsere Sonde Huygens auf eine „nasse" Landung vorbereitet werden. Denn nach ihren Messungen beim Durchtritt durch die Atmosphäre sollte sie auch möglichst lange nach ihrer Landung Daten – über die NASA-Sonde Cassini als Relaisstation – zur Erde funken. Und *tatsächlich zeigte sich die prognostizierte Seenlandschaft!*

Glücklicherweise landete Huygens nicht in einem der vielen Seen, sondern auf „weichem" Untergrund, sprich im Sumpf des Titan und konnte noch über einen längeren Zeitraum wertvolle Daten übermitteln. Es gibt dort Niederschläge, Erosion, Fließvorgänge wie auf der Erde. Aber die Chemie unterschiedet sich grundsätzlich auf diesem kalten Mond: Bei -170 °C gibt es kein flüssiges Wasser, sondern nur flüssiges Methan – und es stellt sich die drängende Frage:

Wie entstand Leben?

Die nebenstehende Bildkomposition vergleicht die Landestelle auf dem Titan mit der Landung auf dem Mond. Damit zeigt sich, dass die Steine in der Nähe der Huygens-Landestelle etwa so groß sind wie Astronautenschuhe Größe 43 ☺.

Oft werde ich gefragt, wie ich es in Anbetracht der unermesslichen Menge von Sternen und der stetig wachsenden Anzahl bekannter extrasolarer Planeten mit dem Thema von „Leben sonst wo" halte und wie man sich Außerirdische vorzustellen hat. Sind es wirklich Wesen mit grünen Haaren und drei Beinen, die bevorzugt Schwefelsäure trinken? Fakt ist:

Außerirdische wurden wie Erdling

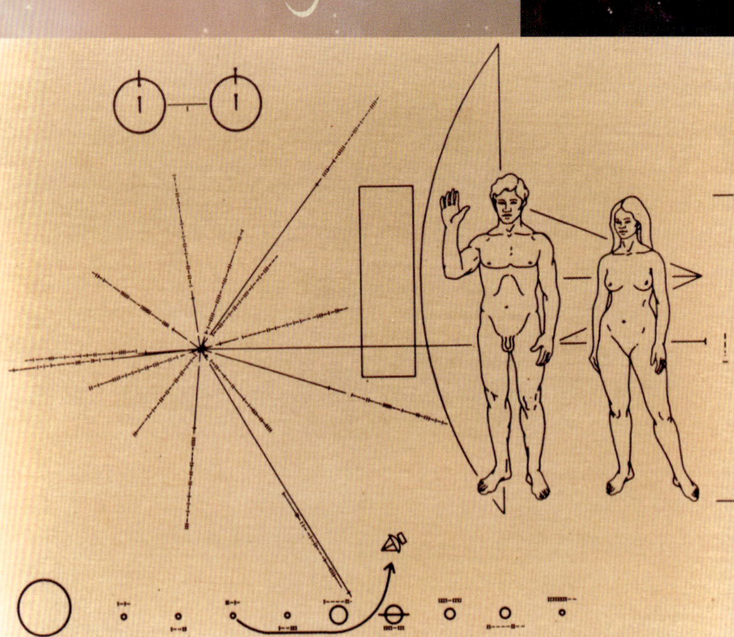

– falls es sie gibt. Die Amerikaner hatten auf ihrer interplanetaren Raumsonde Pioneer 10 1972 die erste diesbezügliche Botschaft mit einigen globalen Informationen untergebracht. Einmal sind die Positionen von hellen Pulsaren in unserer Milchstraße angedeutet, die schematischen Konturen unseres Planetensystems gezeigt, und Mann mit Frau haben sich vor der Prinzipskizze der Raumsonde aufgestellt. Sollten je Extraterrestrische Pioneer 10 entdecken und dann auch noch die Symbolik der Plakette entziffern können, so wird es ihnen immer ein Rätsel bleiben, wie Mann und Frau von hinten aussehen. Das sind die nackten Tatsachen!

Gerne wird die Frage nach der Existenz von UFOs (Unidentified Flying Objects) gestellt. Natürlich gibt es sie – zumindest solange sie nicht identifiziert wurden!

Trotz meiner Skepsis bin ich dennoch in der Lage, das bislang wohl treffendste Bild von möglichen *Eggstraterrestrials* auf untenstehendem Bild zu zeigen ☺.

Um das Thema wieder auf eine solide Basis zurückzuführen: Ich bin tatsächlich von unsichtbaren „Parallelwelten" (siehe Teil 6) überzeugt, auf die ich am Ende unter dem Thema „Schatten.Welten" eingehen werde. Neue Teleskopentwicklungen werden uns erdähnliche Planeten finden lassen. Gleichzeitig ist Leben in der Zwischenzeit unter absolut extremen Umgebungsbedingungen gefunden worden, wo nicht einmal Sonnenlicht hinkommt! Ist da Leben noch dieser äußerst seltene „Zufallstreffer"? – Für mich als Physiker tauchen Fragen auf: Wie sollen die dummen Molekülkügelchen so clevere Arrangements ohne Choreograph, ohne einen „kollektiven Willen" finden – nur unbekümmerte Atome, die sich unter thermalen Einflüssen zufällig gegenseitig stoßen und aneinander zerren? Warum ist Lebensentstehung bis heute das große Rätsel geblieben?

Nachdem heute über 5000 extrasolare Planeten (März 2020) bekannt sind, ist der nächste systematische Schritt, nach solchen mit erdähnlichen Eigenschaften zu schauen. Die amerikanische Mission Kepler ist die erste Unternehmung, bei der erdähnliche Signaturen in solchen Atmosphären gefunden werden sollen – felsige Planeten, die in einer warmen Zone um sonnenähnliche Sterne kreisen und auf deren Oberfläche flüssiges Wasser existieren sollte.

mit den großen „Ohren" des Arecibo-Teleskops

Das Auffinden „erdähnlicher" Planeten wird es geben. Dafür sind vorgegebene Kriterien nicht zu exotisch bzw. zu unscharf. Aber die daraus zu ziehenden Folgerungen in Bezug auf Leben sind nicht unmittelbar evident.

Dazu dient eigentlich das inzwischen weltweit aufgesetzte „SETI"-Programm – Search for Extraterrestrial Intelligence. In Puerto Rico lauschte man schon seit langer Zeit ins All nach Signalen von dessen intelligenten Bewohnern, und man hat auch schon Botschaften abgesetzt (siehe linkes Bild: Arecibo-Teleskop/Sonnensystem/Strichmännlein/DNA-Struktur u. a. Bausteine des Lebens; von unten nach oben).

Wonach wird gesucht? Es ist eine intelligente Sequenz von Signalen als Zeichen außerirdischer, intelligenter Wesen.

Im April 1960 schließlich begann am Greenbank Radio-Teleskop das Projekt „Ozma" zunächst mit der Beobachtung von Tau Ceti, einem nahen,

sonnenähnlichen Stern. Doch weder am ersten noch an irgendeinem der nachfolgenden Tage empfing das Teleskop ein bedeutsames Signal. Erst als die Suche auf den ähnlichen Stern Epsilon Eridani ausgedehnt wurde, ereignete sich etwas Spektakuläres: Sofort nach Einschalten der Anlage erhielt man ein deutliches Signal. Zudem hat es sich nachweislich wiederholt. Es muss in diesen Tagen helle Aufregung im Kontrollraum des Teleskops geherrscht haben, bis festgestellt wurde, dass das Signal von vorbei fliegenden Flugzeugen ausgelöst wurde. Obwohl damit die Empfindlichkeit der Anlage nachgewiesen wurde, hat man daraufhin keine signifikanten Signale mehr empfangen, und seit Dezember 2020 ist das Teleskop aus Altersgründen ausgemustert.

Wo wird gesucht? Wenn wir davon ausgehen, dass Wasser für Leben wichtig ist, kann man vermuten, dass sich mögliche galaktische Hochkulturen am „Wasserloch" (siehe Bild) treffen. Darunter wird der Frequenzbereich verstanden, in dem die Emissionslinien des Wasserstoffatoms liegen. So schön das klingt: Diese Sache hat einen Pferdefuß, denn unser Bedarf an Kommunikation mit Handy, weltweit über Fernsehkanäle,

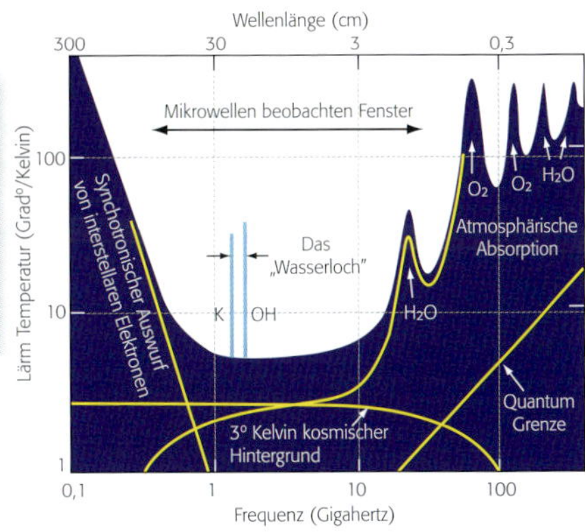

die zunehmende Zahl an Kommunikationssatelliten, Richtantennen etc. blasen unentwegt Radiosignale in den Raum, sodass der „Radio-Himmel" in der Zwischenzeit total verseucht ist. Vielleicht ist es möglichen Außerirdischen auch gelungen, unsere Fernsehprogramme zu entschlüsseln, worauf sie beschlossen haben, dass wir für sie keine geeigneten Gesprächspartner seien ☺.

Was wurde erreicht? Sollte in der Zukunft wirklich einmal ein außergewöhnliches Funksignal wahrgenommen werden, so wären wir aufgrund der beschränkten Möglichkeiten der Raumfahrt von einem Händedruck im wahrsten Sinn des Wortes Lichtjahre entfernt.

Es kann zudem festgestellt werden, dass wir mit der DNA bereits eine unglaublich komplexe Signalkette erhalten und entziffert haben. Es ist nicht plausibel, dass sie von selbst entstanden ist. Sollten wir nach obigem Muster nach ihrem Ursprung fragen, dann weist sie auf einen ausgefuchsten Planer hin, den ich als außerirdische Existenz anerkenne(n muss).

Kometen gelten bis zum heutigen Tag als Geheimnisträger. Nach Meinung einiger Zeitgenossen sollen sie in Form des Weihnachtssterns die Geburt Jesu angekündigt haben. Astrophysikalisch gelten sie als das ursprünglichste Material aus der Frühzeit des Planetensystems. Unsere Modelle bringen sie in den Zusammenhang mit leichtflüchtigem Material, das am Anfang an den Rand der protoplanetaren Scheibe transportiert wurde und dort kondensierte. Weit weg von der Sonne sollten Kometen seither im „Tiefkühlfach" in der sogenannten „Oortschen Wolke" (die dafür aufgrund von Bahnparametern einzelner Kometen postuliert wurde) oder im Kuipergürtel im Anschluss an den äußeren Teil unseres Planetensystems befinden. Dass sie mit ihrer i. A. großen Sonnenentfernung die Zustände des frühen Planetensystems im wahrsten Sinne eingefroren haben sollen, macht sie so unwiderstehlich für die Weltraumhistoriker.

Mit großer Spannung wurde deshalb die NASA-Kometensonde Stardust erwartet, die erstmals winzige Staubproben vom Kometen Wild 2 aufsammelte und in einer Rückkehrkapsel zur Erde brachte. Erste Ergebnisse von diesen Staubteilchen zeigten dann doch einige Überraschungen: In den bisher untersuchten Staubkörnern fanden sich

Mineralien, wie Olivine und Pyroxene,

die sich nur bei hohen Temperaturen bilden können. Sie finden sich im Erdmantel, man hätte sie aber kaum in Kometen vermutet. Hier sollten große Mengen z. B. von Wassereis und gefrorenem Kohlendioxid vorliegen. Nun versucht man die entstandene Überraschung dadurch zu erklären, dass ein schneller Transportprozess von im inneren Planetensystem entstandenen Kristallen nach draußen jenseits der Neptunbahn eingeführt wird. Dort sollen diese Mineralien in Kometen eingelagert worden sein. Kein ganz überzeugender, aber aus astrophysikalischer Sicht notweniger Schritt.

Neben solchen Überraschungen sind Kometen einfach schön. Deshalb werden noch zwei aktuelle Beispiele neu entdeckter Kometen gezeigt, die im Jahre 2008 und 2009 unseren Himmel bereicherten. Links ist der „schweiflose" Komet Holmes im November 2008 von mir abgelichtet, während rechts der Komet Lulin unterhalb dem Stern Regulus gezeigt wird. Sie fallen naturgemäß bescheiden aus, verglichen mit dem unverschämt hohen Detail des Kometenkerns von Wild 2, das uns Stardust zufunkte. Das linke Bild ist zudem die Überlagerung von zwei Aufnahmen: die helle Koma zusammen mit einem Bild des Kometenkerns.

In der Zwischenzeit ist die Rückkehrkapsel der japanischen Asteoriden-Sonde Hayabusa in Australien gelandet. Sie hat ein paar Staubbrösel aufgesammelt und zur Erde zurückgebracht, deren Ergebnisse mit anderen Missionen diskutiert werden.

© N. Pailer 2009

© N. Pailer 2009

Ich war junger Diplomand am Max-Planck-Insitut in Heidelberg, als diese Kometenmission erstmals angedacht wurde. Führende Köpfe waren dabei die Professoren Fechtig, Geiss und Stuhlinger (ehemaliger V2-Raketenpionier unter Wernher von Braun auf dem Raketenversuchsgelände in Peenemünde). Im Jahr 1994 hatte ich das Vergnügen, eine erste Studie zu einem Landegerät zu leiten. Dann hat es nochmals zehn Jahre gedauert, bis die Sonde in Kourou in French Guiana auf der Startrampe stand. Nach einer langen Reise von zehn Jahren soll Rosetta auf der Höhe der Jupiterbahn auf den Kometen Churyumov-Gerasimenko treffen.

Dieser kurze Abriss gibt einen kleinen Einblick in die langen Laufzeiten anspruchsvoller Weltraummissionen. Erste Ergebnisse werde ich nicht mehr innerhalb meiner aktiven Arbeitszeit (trotz deren Verlängerung!) erleben, obwohl ich schon als junger

Student damit befasst war. Jedenfalls wurde der Komet in seiner passiven Phase angeflogen, das Landegerät abgesetzt und dann mit Rosetta, als um den Kometen umlaufenden Beobachter und Relaisstation zur Erde, die Annäherung des Kometen an die Sonne genau vor Ort untersucht. Dieser Komet wird damit

s größte Eis am Stück –

sicher mit ein paar delikaten Zutaten – das je so intensiv untersucht wurde. Es wird spannend sein, welche Überraschungen diese bislang gründlichste Untersuchung an den ursprünglichsten Objekten in unserem Planetenraum bringen wird! Im Juli 2011 wurde Rosetta in einen Winterschlaf versetzt, an dessen Ende ein Weckruf im Januar 2014 bei der Ankunft am Ort des Kometen erfolgte.

Es ist noch immer nicht geklärt, woher die Erde ihr Wasser hat. Als mögliche Lieferanten sind sicher Kometen verdächtig. Allerdings sprechen z. B. die Isotopenverhältnisse dagegen. In jüngster Zeit gelang Planetologen von der University of Tennessee der Nachweis, dass auch Asteroiden eine dünne Eisschicht – möglicherweise als Ausgasprodukte aus ihrem Innern – haben.

Mit dem Helix-Nebel (siehe Teil 3) wurde im Zusammenhang mit Staubstrukturen eine mögliche Kometenwolke um einen Stern angedeutet. Bislang konnte die um unsere Sonne als Kometenreservoir postulierte Oortsche Wolke allerdings nicht direkt nachgewiesen werden. Sie soll dafür herhalten, Quelle der vielen von Natur aus hinfälligen Kometen zu sein, die typischerweise rund 100 Sonnenumläufe überstehen. Die beiden Gruppen von kurz- und langperiodischen Kometen sollten ursprünglich aus dieser Wolke stammen. Nachdem Simulationen zeigten, dass ein möglicher Umwandlungsprozess von langperiodischen Kometen (> 150 Jahre Umlaufzeit und stark variierende Bahnneigung) in kurzperiodische Kometen (< 150 Jahre mit Ekliptik-naher Bahnebene) nicht effektiv genug ist, wurde der Kuipergürtel jenseits von Neptun eingeführt, von dem man in der Zwischenzeit einige Objekte nachgewiesen hat. Es

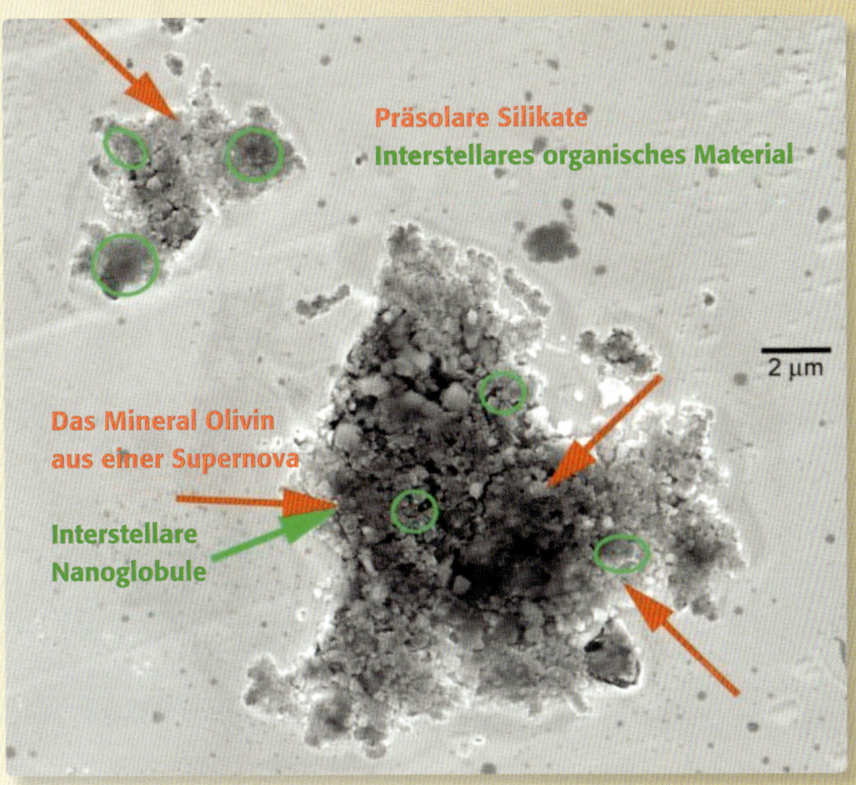

ist aber fraglich, ob dieses Reservoir ausreicht, um die Häufigkeit der kurzperiodischen Kometen zu erklären. Zudem gibt es im Kuipergürtel eine Reihe großer Objekte (z. T. größer als Pluto, weshalb dieser zu einem Kleinplaneten degradiert wurde), die nie als Kometen in Erscheinung traten. Damit gelten

Kometen als geheimnisvolle Gesellen

in unserem Planetensystem, die nicht so richtig zu einem alten Sonnensystem passen, zumal sie als primordial angenommen werden müssen, da es für sie sonst keine Quelle gibt.

Nun wurden im April 2003 mit einem hoch fliegenden Flugzeug der NASA Staubteilchen eingesammelt. Der Zeitpunkt des Aufsammelns während eines Durchgangs der Erde durch den Kometenstaubschlauch weisen den Kometen Grigg-Skjellerup als wahrscheinliche Staubteilchenquelle aus. In dem abgebildeten Staubteilchen zeigen sich sowohl präsolare Silikatkörner als auch interstellare organische Materie, wenn auch in kleinsten Mengen.

Damit hätte man in diesem Staubteilchen präsolaren Staub entdeckt, der aus einer Sternexplosion (Supernova) vor der Entstehung unserer Sonne stammen sollte.

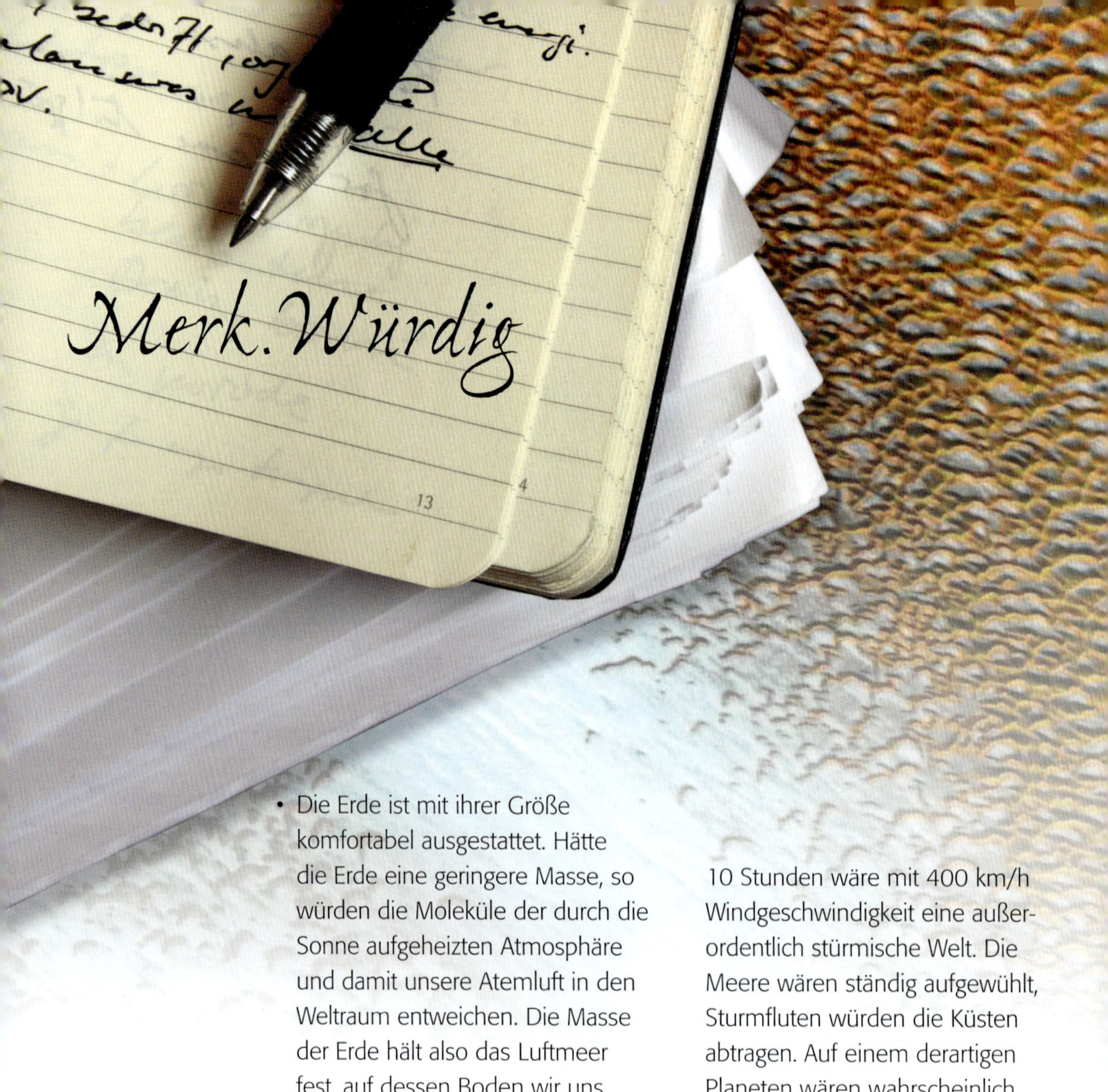

- Die Erde ist mit ihrer Größe komfortabel ausgestattet. Hätte die Erde eine geringere Masse, so würden die Moleküle der durch die Sonne aufgeheizten Atmosphäre und damit unsere Atemluft in den Weltraum entweichen. Die Masse der Erde hält also das Luftmeer fest, auf dessen Boden wir uns befinden und das sich wie eine dünne, schützende Haut über die Oberfläche unseres Planeten legt.

- Rotiert ein Planet zu langsam, so erwärmt sich eine Seite stärker als die andere und es kommt zu gewaltigen Luftmassenverschiebungen. Starke Stürme sind die Folge. Dreht sich ein Planet zu schnell, kommt es aber auch zu Stürmen, weil sich die Lufthülle mitdreht. Eine Erde mit einer Tageslänge von 10 Stunden wäre mit 400 km/h Windgeschwindigkeit eine außerordentlich stürmische Welt. Die Meere wären ständig aufgewühlt, Sturmfluten würden die Küsten abtragen. Auf einem derartigen Planeten wären wahrscheinlich alle Lebewesen „platt" ausgestaltet oder sie würden fortgeblasen.

- Der Mensch lebt auf der dünnen Kruste der Erde. Aber an sich ist dieser Planet gefährlich: Rund drei Kilometer tiefer würden wir verbrennen, rund drei Kilometer höher und wir würden erfrieren.

- Die Erde hat ungewöhnlich günstige Bedingungen durch ihre Größe, die Zusammensetzung ihrer

Atmosphäre und den Aufbau ihrer Magnetosphäre, die wir als ihre Ritterrüstung kennengelernt haben.

- Das Leben fliegt nicht nur als Passagier auf der Erde mit, sondern trägt auch ganz entscheidend zur Gestaltung seines Lebensraums bei. Es baut sich sozusagen sein Nest selbst aus. Den größten Anteil der biosphärischen Aktivität leisten dabei nicht die augenfälligen vielzelligen Pflanzen- und Tierarten, sondern die gewaltige Masse der biochemisch mannigfachen und äußerst anpassungsfähigen Mikroorganismen, die aus wenigen Zellen bestehen und die selbst unter härtesten Bedingungen leben können.

- Die Erdachsenausrichtung von nahezu 23,5° würde ohne Mond mindestens zwischen 15 und 32° hin- und herschwanken mit allen Folgen einer gravierenden Auswirkung auf das Klima. Wahrscheinlich würde sie am Ende sogar kippen. Der bleiche Begleiter der Erde hat diese in schweren Zeiten immer wieder aufgerichtet ☺.

- Für Weltraumästheten: Unser Mond erscheint von der Erde aus gleich groß wie die Sonne, was uns gelegentlich Zuschauer eines kosmischen Spektakels werden lässt, wenn die Sonne mitten am Tag während einer Mondbedeckung ausgeknipst wird. Die Erde mit ihrem Mond ist in unserem

Merk.Würdig

Planetensystem mit seinen mehr als 170 Monden der einzige Platz, von dem aus eine Sonnenfinsternis beobachtet werden kann.

- Kollisionen im Planetensystem. In Systemen mit mehreren Planeten besteht immer die Gefahr der Kollision. Bei jeder Begegnung können sie aufgrund ihrer Gravitationskräfte ein wenig von ihrer Bahn abkommen. Nur Kreisbahnen mit relativ großen Radius-Abständen garantieren, dass mehrere Planeten „unfallfrei" ihren Stern umkreisen. In unserem Planetensystem findet man dieses Erfolgsrezept in wunderbarer Weise verwirklicht. Außer Merkur laufen alle Planeten auf nahezu Kreisbahnen. Dass Merkur trotz seiner exzentrischen Bahn das System nicht merklich stören kann, liegt an seiner kleinen Masse. Bei Pluto, dessen Bahn teilweise innerhalb des weiter innen liegenden Neptun verläuft, sorgt eine spezielle Abstimmung der Umlaufperioden für ein problemloses Nebeneinander.

- Drehsinn der Planeten. Das bisherige Planetenentstehungsmodell ging davon aus, dass sich Planeten aus einer Scheibe aus Gas und Staub um einen jungen Stern bilden. Diese protoplanetare Scheibe rotiert im gleichen Umlaufsinn wie der Stern selbst, weshalb man für die neu entstandenen Planeten Entsprechendes erwartete. Diese Logik wurde seit der Entdeckung von retrograd umlaufenden Exo-Planeten seit August 2009 in Frage gestellt. Bislang sind sechs von 27 untersuchten Exo-Planeten rückwärts umlaufend (Stand Mai 2010).

- Grüngürtel der Sonne. Unsere Erde dreht ihre Runden im Grüngürtel der Sonne. Berechnungen ergeben, dass bereits eine 3%ige Veränderung des Abstandes Sonne-Erde in die eine oder andere Richtung zu Verhältnissen führen würde, wie sie auf den Planeten Venus oder Mars anzutreffen sind. Aufrechterhaltung Lebensunterstützender Umstände wie flüssiges Wassers oder eine dichte, wohl temperierte Atmosphäre sind auf einem Planeten nur unter sehr speziellen Bedingungen zu erreichen. Die Anwesenheit eines Planeten in der Ökosphäre der Sonne allein reicht dafür nicht.

- Grüngürtel unserer Galaxie. Auch bei Galaxien spricht man von einem Grüngürtel, in dem aufgrund von Sternentwicklungsmodellen genügend schwere Elemente für erdähnliche Planeten vorliegen sollten. So erstreckt sich z. B. in unserer Milchstraße ein rund 1 500 Lichtjahre breiter Ring in einem Abstand vom Zentrum von rund 30 000 Lichtjahren. Und die Erde liegt mitten drin.

- Außerirdisches Leben. Während die Radio- und Lichtsignale, die wir empfangen oder senden können, den Raum immerhin mit Lichtgeschwindigkeit durcheilen, gleichen unsere Raumschiffe eher einer Schneckenpost. Außer einigen Abstechern zum Mond hat noch kein Mensch einen Fuß auf einen anderen Himmelskörper gesetzt. Dieser für den Menschen erreichte Aktionsradius ist nüchtern betrachtet vernachlässigbar klein.
Nehmen wir die Entfernung bis zum nächsten Stern Proxima Centauri von 4,2 Lichtjahren. Mit der Reisegeschwindigkeit der Raumsonde Voyager bräuchten wir 78 000 Jahre. Die Zeiten muss man dann noch verdoppeln, wenn man vorhat, wieder auf die Erde zurückzukehren. Solche Zeiträume sprengen schlichtweg unser Vorstellungsvermögen. Was kann in diesen Zeiträumen alles passieren! Wahrscheinlich können sich die Erdbewohner gar nicht mehr daran erinnern, einstmals Astronauten losgeschickt zu haben und würden die Rückgekehrten als Extraterrestrische begrüßen ☺.

Teil 3: Welten im Farbenrausch

- Spaziergang am Himmel des Hubble-Teleskopes
  - Ferne Sternenwelten in neuem Licht
  - Sonne als Vorzeigestern
  - Stern- und Planetenentstehungsregionen

Im letzten Abschnitt haben wir mit dem Planetenraum unseren kosmischen Hinterhof betrachtet. Es ist der Raum, der mit den Mitteln unserer stärksten Raketen und unter Anwendung der Fly-by-Technologie erkundet werden kann. Durch geschicktes Anfliegen von Planeten dienen solche Manöver als „Tankstellen" für unsere Satelliten, die dadurch einen Zusatzschub erhalten, indem sie den Planeten ein wenig ihrer Bewegungsenergie klauen. Nur mit diesem Trick ist es für uns möglich, unser Planetensystem in angemessenen Zeiträumen von rund 20 Jahren zu kreuzen. In den Weiten des Kosmos gibt es unzählige Sterne. Der nächste Stern jenseits der Sonne ist schon so weit

entfernt, dass unsere schnellsten Raumfahrzeuge bis dahin etwa 80 000 Jahre brauchen würden. Deshalb können Astronomen die Welt der Sterne nicht studieren, indem sie Raumsonden zu ihnen schicken. Glücklicherweise müssen sie das auch nicht: Die Information kommt zu ihnen mit Lichtgeschwindigkeit!

Wenn auch der direkte Blick zum Himmel uns nahe legt, dass die Sterne im Allgemeinen weiße, helle Lampen sind, so bringt ein genaueres Hinsehen schon mehr Information. Die Helligkeit und die Farbe sind die erste Botschaft der Sterne. Sie geben Hinweise auf z. B. ihre Größe bzw. Entfernung und Temperatur. Blau zeigt, dass der Stern an seiner Oberfläche viel heißer (rund 20 000 °C) ist als unsere Sonne, während rot auf kühlere Temperaturen (ca. 3 000 °C) hinweist. Das bloße Auge erfasst die

Farben der Sterne

kaum. Das absichtlich etwas defokussierte Foto zeigt das Sternbild Orion mit seinen Gürtel- (aufsteigend) und Schwertsternen (nach unten weisend). Abgesehen vom allgemeinen Blau der Sterne, fallen Beteigeuze links oben als so genannter Roter Riese mit rund 4 000 °C Oberflächentemperatur und Rigel rechts unten als Blauer Riese mit rund 60 000 °C Oberflächentemperatur durch ihre Andersfarbigkeit auf.

Interessanterweise hat Paulus in seinem ersten Brief an die Korinther 15,41 schon folgende Worte hinterlassen: „Die Sonne leuchtet anders als der Mond, der Mond anders als die Sonne, und auch die einzelnen Sterne unterscheiden sich voneinander." Woher Paulus das wohl wusste?

Dass wir die Vergangenheit des Kosmos beobachten können, verdanken wir allein der Endlichkeit der Lichtgeschwindigkeit. Emissions- und Absorptionsprozesse des Lichtes schreiben eine kosmische Zeitung, die wir mit unseren Teleskopen lesen können. Aus diesen Informationen erschließt sich uns zumindest ein Teil der Geschichte des Universums. Jahrtausendelang war die Astronomie auf den schmalen Frequenzbereich des lichtempfindlichen, menschlichen Auges von ca. 400 bis 800 Nanometer, was knapp einer Oktave entspricht, fixiert. Für diese Strahlung ist – wie in Teil 2 gezeigt – die Erdatmosphäre gut durchlässig, weil unser Zentralgestirn, die Sonne, bei Wellenlängen von ca. 500 Nanometern seine Hauptstrahlung emittiert. Andere Himmelskörper emittieren je nach ihrer Temperatur und den in ihnen ablaufenden Prozessen elektromagnetische Strahlung in über 60 Oktaven von den Radiowellen bis zu den energiereichen Gammastrahlen. Durch Satelliten gelang es, unser Bild vom Kosmos auch in diesen anderen Wellenlängenbereichen zu ergänzen. Leider kann man sich deshalb nicht mit *einem* schönen Bild zufrieden geben, da ein Objekt in jedem Teil des Spektrums sein individuelles Aussehen hat. Dies wird am Beispiel des Objekts

eta Carina in drei unterschiedlichen Spektralbereichen

demonstriert.

Zunächst sehen wir das Bild im Licht von Röntgenstrahlen des NASA-Teleskops Chandra; eine im Allgemeinen

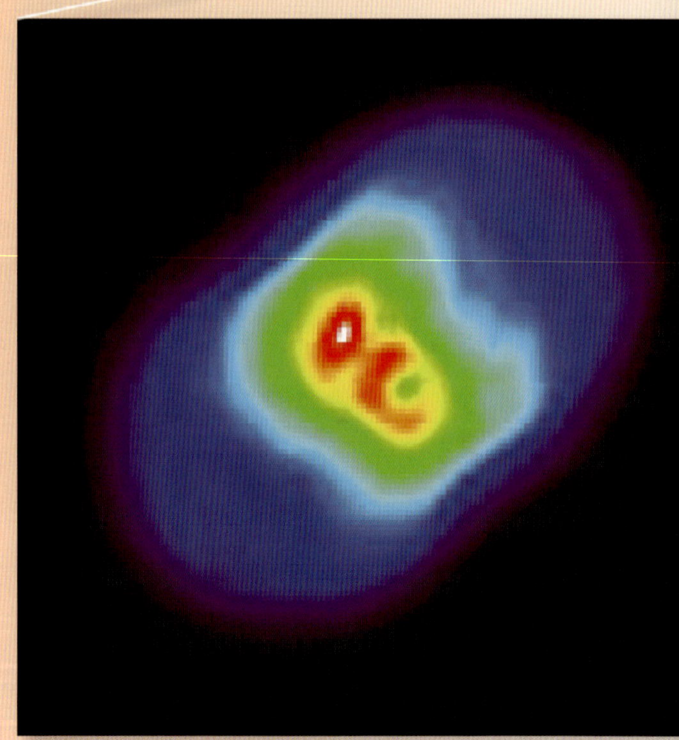

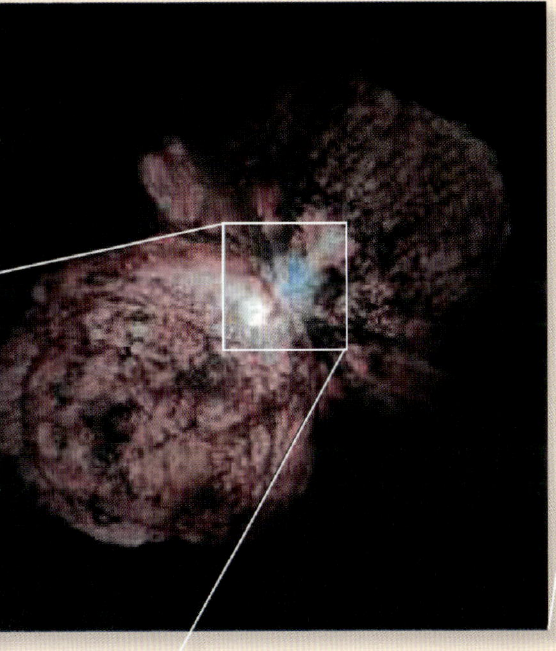

hufeisenförmige Gestalt mit einem überstrahlten, überbelichteten Zentrum. Schauen wir uns gerade dieses im optischen Bereich mit dem Hubble-Weltraumteleskop an, so offenbart sich dieses Zentrum als hochexplosive Wolke, die Gefahr läuft, jeden Moment aus allen Nähten zu platzen.

Auch in diesem sichtbaren Bereich des Spektrums kann wiederum das Zentrum nicht aufgelöst werden. Das wird nun im Bereich langwelliger Infrarot-Strahlung gemacht, womit sich ein mögliches Doppelzentrum andeutet.

Es ist nahezu selbstredend, dass die Aussagefähigkeit von Bildern neben dem hier erwähnten Empfindlichkeitsbereich zusätzlich entscheidend von ihrer Belichtungsdauer abhängt.

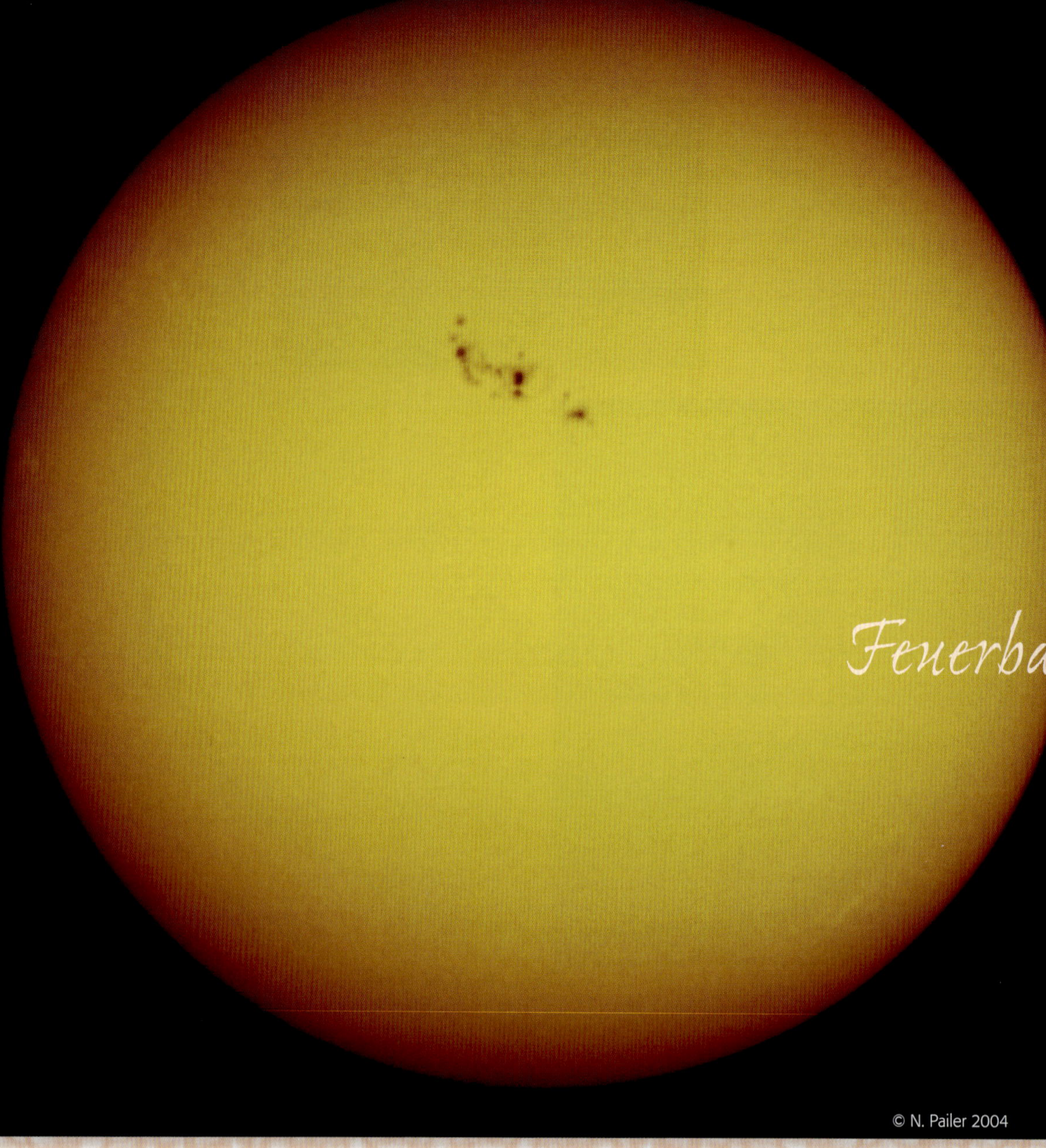

© N. Pailer 2004

Die Sonne ist der einzige Stern, der detailliert beobachtet werden kann. Schon aus der Zeit von vor rund 800 Jahren v. Chr. wird von den Chinesen die ersten Sonnenfleckenbeobachtung überliefert. Aristoteles hielt sie für physikalisch unmöglich. Die erste Teleskopbeobachtung von Sonnenflecken tätigte Galileo im Jahre 1609. Dass die Sonne einen solchen „Makel" (= Flecken) haben sollte, war für damalige Zeiten ein gewöhnungsbedürftiger Gedanke, der sich erst durchsetzen musste. Viele empfanden es auch als Demütigung, den Menschen mit seiner Erde als unbedeutendes Objekt irgendwo im Weltraum zu haben. Trotz aller ideologischen Grabenkämpfe früherer Zeiten bleibt uns nur, die Sonne für das zu halten, was sie ist: Ein hoch explosiver

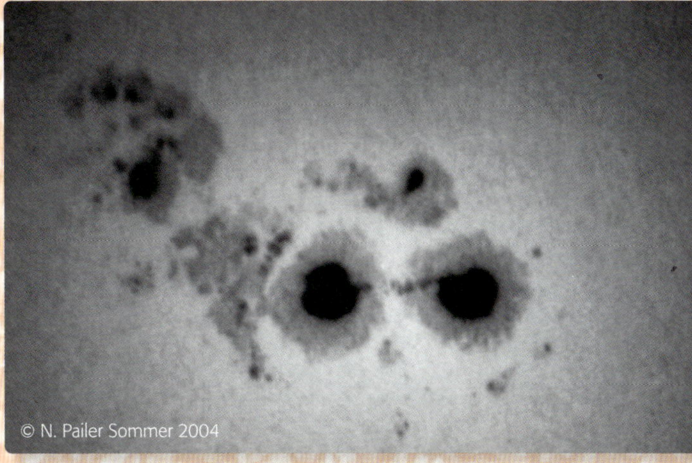

© N. Pailer Sommer 2004

n Firmament

in unmittelbarer Nachbarschaft zu unserer Erde.

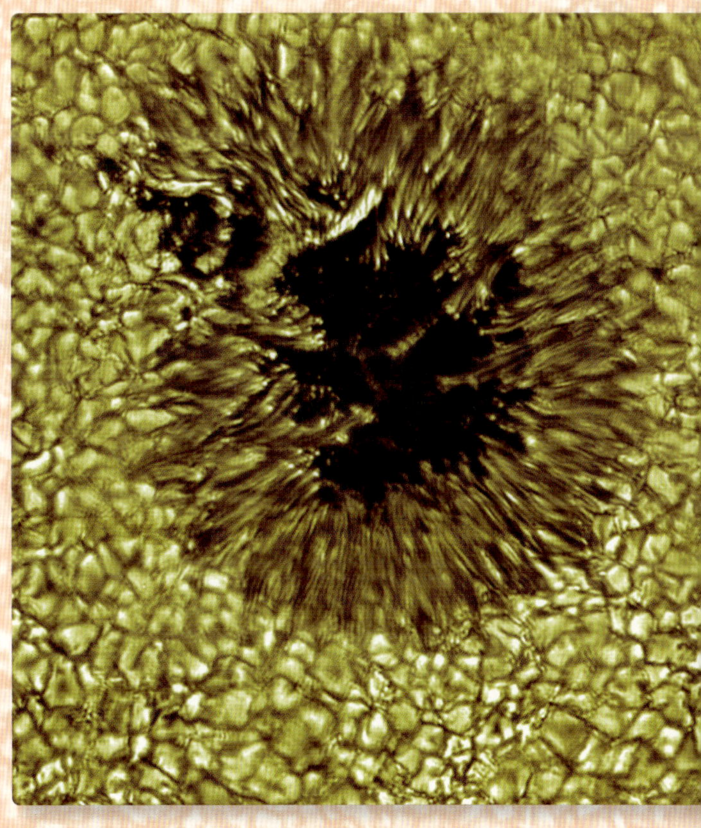

Nebenstehende Aufnahmen zeigen oben eine ungewöhnlich ausgedehnte Sonnenfleckengruppe. Dieses Bild ist meine erste Aufnahme, die ich am Tagesgestirn mit meinem Selbstbauteleskop tätigte. Rechts ist eines der besten, hoch aufgelösten Bilder von einem Sonnenflecken zu sehen: Wir blicken in die tiefschwarze Umbra mit ihren rund 4 700 °C, die umgeben ist von der 5 700 °C heißen und „ausgefransten" Penumbra. Dieses Fleckengebilde ist eingebettet in die allgemeine granulare Struktur der Sonnen-„Oberfläche", die auf obigem Bild auch bereits angedeutet ist, was meine bislang beste Aufnahme einer Sonnenfleckengruppe ist.

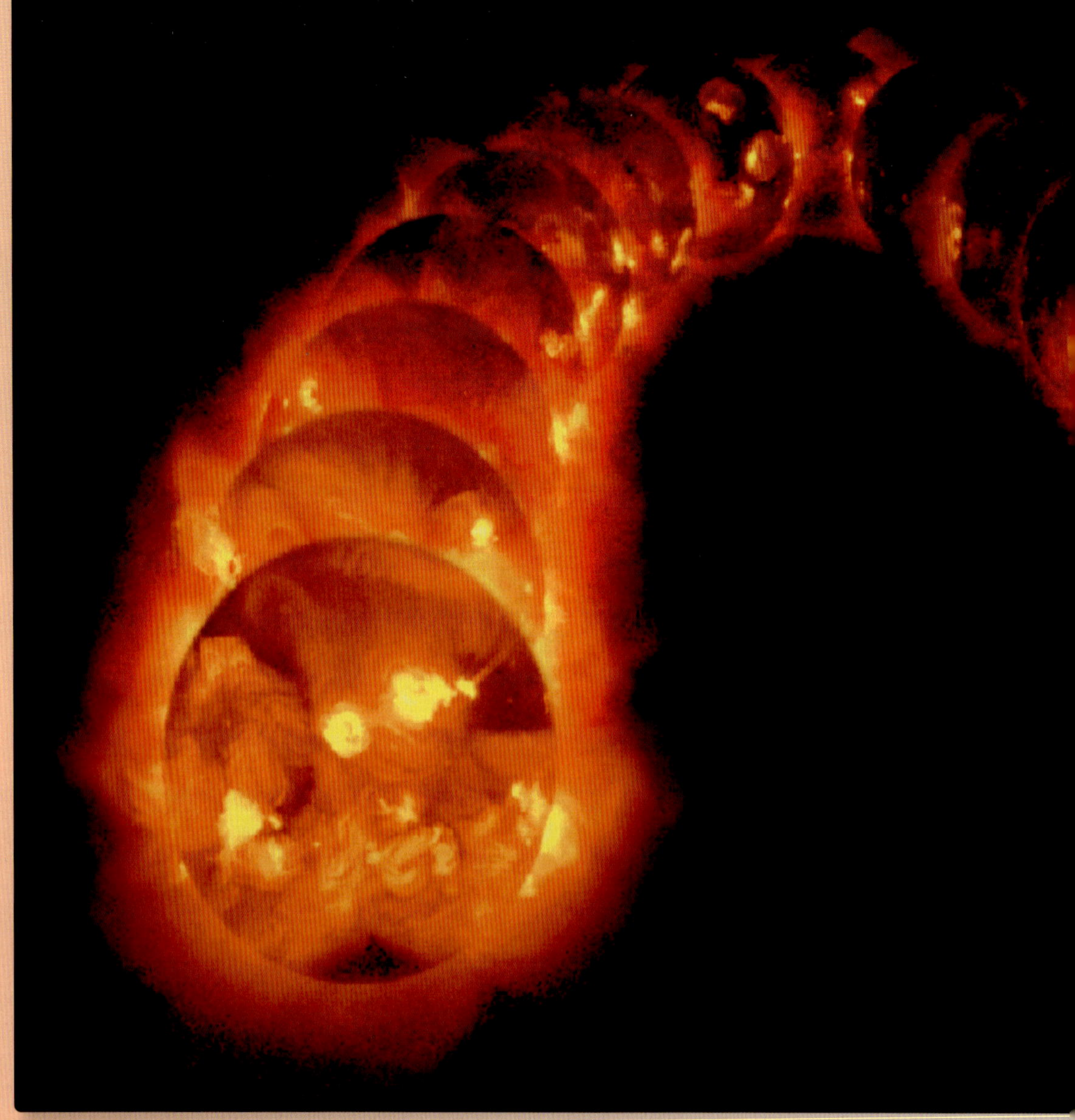

Die Sequenz von Sonnenflecken wurde von der japanischen Raumsonde Jokkoh über die Dauer eines gesamten Sonnenfleckenzyklus von 11 Jahren von ihrer minimalen Aktivität bis zu ihrem Maximum systematisch beobachtet. Im Gegensatz zu den zuvor gezeigten Szenen sehen wir nun die Sonne im Lichte von hochenergetischen Röntgenstrahlen. Dies macht die ganze Dynamik des Geschehens sichtbar. Damit zeigt diese Sequenz von Bildern, dass wir mit unserer

Erde in unm Nachbarschaft z Pulverfass

leben.

Diese Aktivität bedingt, dass die Sonne schwingt, ähnlich einer mit einem

Klöppel angeschlagenen Glocke. Der gesamte Gasball wabert wie ein mit Wasser gefüllter Ballon. Regionen heben und senken sich um einige Kilometer mit Geschwindigkeiten mit bis zu 1 800 Kilometer pro Stunde.

Von der Erde aus erscheint die Sonne dagegen im Allgemeinen als gutmütige Kugel, die nichts anderes tut als leuchten, während sie quer durch den Himmel reist. Gelegentlich sorgt sie zusammen mit unserem Erdmond für das ausgesprochene Spektakel einer Sonnenfinsternis, wenn mitten am Tag plötzlich die Sonne ausgeknipst wird. Es funktioniert nur deshalb so fein abgestimmt, weil erstaunlicherweise der Mond von der Erde aus genau die scheinbare Größe hat, um die Sonne gerade abzudecken. Im ganzen Sonnensystem bietet nur der Blick von der Erde mit den ideal abgestimmten Größen diesen grandiosen Anblick.

Die im unteren Bild gezeigte partielle Sonnenfinsternis vom 1. August 2008 fand unter teilweise bewölktem Himmel statt. Ich versuchte Aufnahmen mit einer schützenden und hoch glänzenden Sonnenfolie vor dem Objektiv meiner Kamera im Garten zu machen. Dabei entdeckte ich den Reiz der Reflexe von roten Rosen und ihrem Grün auf der Rückseite der reflektierenden Folie und projizierte so die Farben der Rosen meiner Schwiegereltern an den ansonsten tristen Wolkenhimmel.

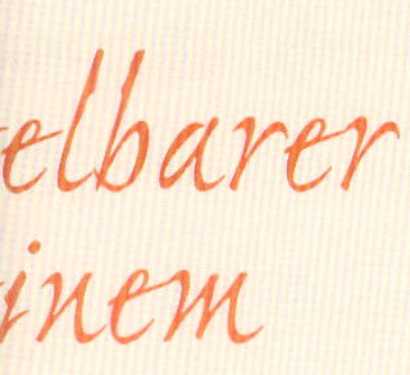

© N. Pailer 1. August 2008

Die gutmütige, teils gleißend hell bis gelblich erscheinende Scheibe am Taghimmel ist – wie der Rest der Sterne – eine geniale, nahezu unerschöpfliche Energiequelle. Seit vielen Dekaden bemüht sich der Mensch deshalb um die Erschließung ihrer Fusionsenergie. Sie würde als effektive Energiequelle bestens als Problemlöser der Menschheit in die Palette vorhandener Konzepte passen, läuft sie doch ohne Kohlenstoffdioxid-Produktion ab, und radioaktive Abfälle gibt es auch nur wenige, zumal deren Halbwertszeit kleiner als bei konventionellen Kernkraftwerken ist.

gie umgewandelt wird. Von dieser Energie lebt der Mensch, die Erde, profitiert das ganze Planetensystem – seit die Sonne existiert. De facto heißt dies im Prinzip: Im Innern der Sonne werden pro Sekunde etwa 600 Millionen Tonnen Wasserstoff in 596 Millionen Tonnen Helium umgewandelt. Die Differenz von vier Millionen Tonnen Materie wird beim Fusionsprozess größtenteils in Photonen und Neutrinos umgewandelt. Seit ihrer „Geburt" vor 4,5 Milliarden Jahren beläuft sich der Masseverlust dennoch nur auf 0,03%.

Die Sonne erzeugt diesen Druck in ihrem Innern absolut genial allein durch ihre Größe. Wir können zwar auf der Erde keine Sonne erzeugen, aber wir können ein heißes Gas, ein Plasma, durch Mikrowellen aufheizen, und den Druck können wir im Prinzip durch ein Magnetfeld erzeugen, welches das Plasma umschließt.

Sonnenenergie wäre die Endlösung der irdischen Energiefrage.

Was geht in der Sonne ab? Wasserstoffatome werden unter extremer Hitze und extrem hohem Druck so nahe zusammengebracht, dass sie miteinander verschmelzen und Helium erzeugen. Bei diesem Vorgang gibt es eine kleine Massendifferenz, die – nach Albert Einstein – in Ener-

Allerdings ist die Forschung bislang nur so weit gediehen, dass kurzzeitig nur die Energie, die in die benötigte Mikrowellenheizung zu stecken war, aus dem Fusionsprozess herauskam!

Seit die Menschheit nun versucht, mit dem Sonnenfeuer zu zündeln und der Traum von der reinen, unerschöpflichen Energiequelle Wasserstoff geboren wurde,

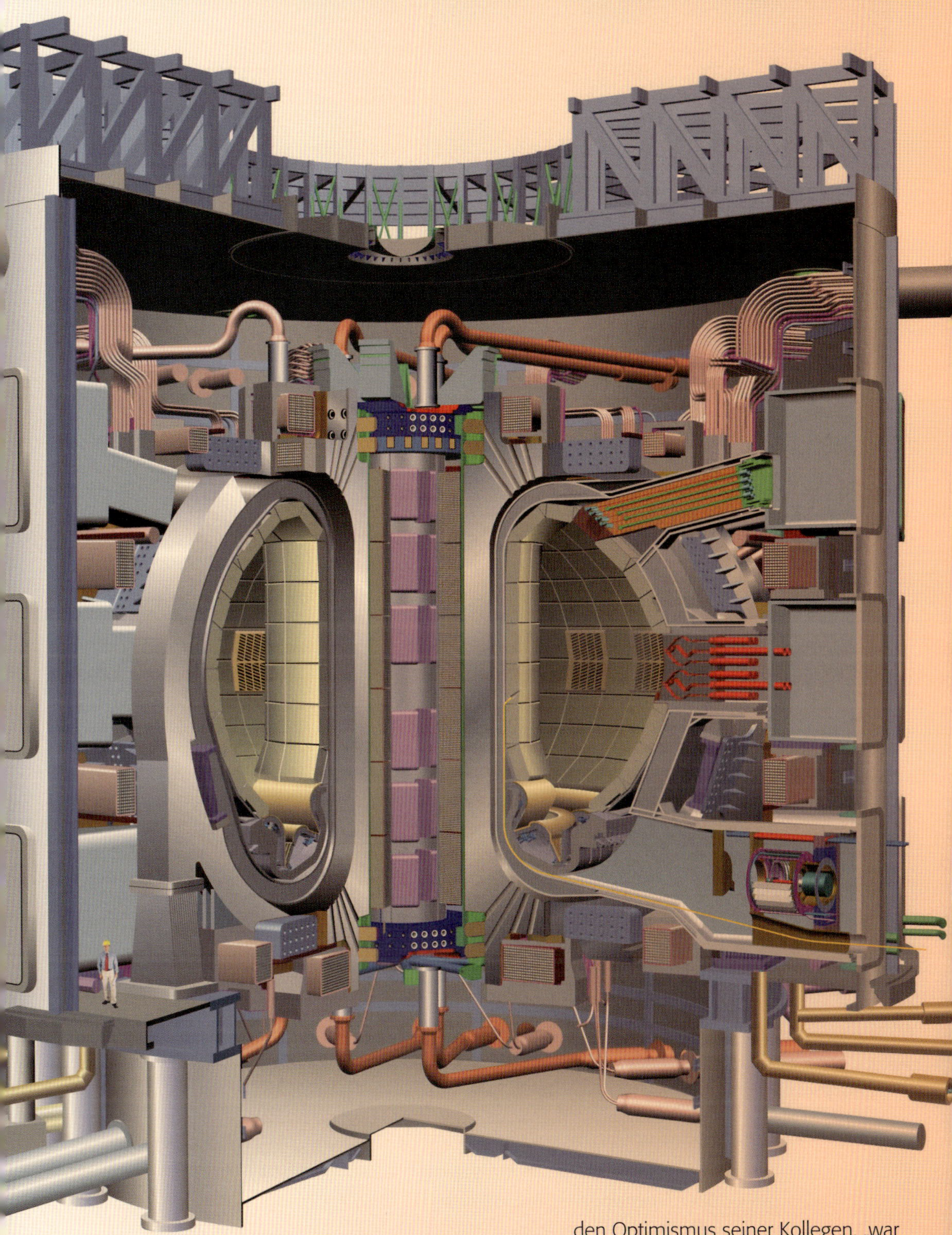

glaubten sich Fusionsforscher ihrem atomaren Gral schon öfter ganz nahe – und lagen immer wieder voll daneben. „Noch stets", spottete der US-Physiker Robert Park über den Optimismus seiner Kollegen, „war die Fusionsforschung 30 Jahre vom Kraftwerk entfernt." Und das, meint er, werde „auch immer so bleiben".

Wir sehen hier den Sonnenrand aus nächster Nähe. Die Sonnenflecken zeigen sich in diesem Bild der NASA-Sonnensonde Trace als Fußpunkte überdimensionaler Magnetfeldportale. Sie sind so gigantisch, dass daneben die künstlich eingefügte Erde richtig popelig klein wirkt. Die Magnetfeldlinien werden dadurch sichtbar, dass hier elektrisch geladenes Gas, ein sogenanntes Plasma, entlang geführt wird. Was für ein Ding, dass

die hoch explosi

die Erde jahraus jahrein so gleichmäßig beleuchtet und ein für uns alle erstaunlich angenehmes Klima schafft! Die

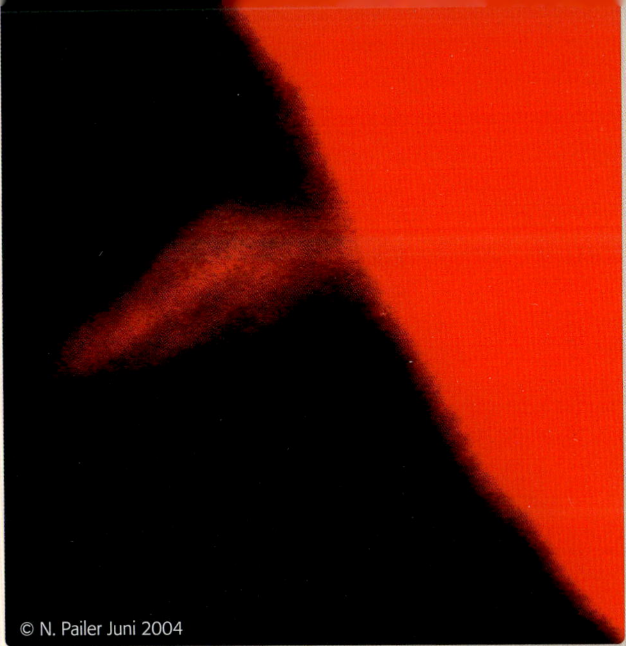

onne

Sonne hat gerade die Eigenschaften, welche die Erde im richtigen Abstand günstige Verhältnisse zum Leben haben lässt. Glücklicherweise hat die Erde den schon bereits beschriebenen doppelten Schutz gegen hochenergetische Ausbrüche der Sonne durch die ungewöhnlich ausgedehnte Magnetosphäre und den raffinierten Aufbau der Atmosphäre.

Mein erstes Bild eines Sonnenausbruchs erreichte ich während des Venusdurchgangs am 8. Juni 2004. Aus welchen Gründen auch immer war mein Bekannter nicht in der Lage, das Ereignis fotografisch festzuhalten, worauf ich ihm mit meiner Kamera beisprang. Es hat schon seine Vorteile, wenn man beim „Spechteln" (Spezialausdruck unter Sternguckern für Himmelsbeobachtung) nicht alleine ist!

Es passiert gelegentlich, dass sich bei einem Sonnenausbruch Milliarden Tonnen schwere Gasmassen abschnüren und in den Planetenraum abdriften. Dort können sie z. B. mit der Erdmagnetosphäre kollidieren. Je nach Polarität öffnen sie dann lokal das ansonsten geschlossene Erdmagnetfeld wie mit einem Dosenöffner und machen die Erde lokal verwundbar.

Ein Augenzeugenbericht von einer Sonnenfinsternis: Von Westen breitete sich eine dunkle Glocke über das Land. Es bahnte sich eine Art von Dämmerung an, wie man sie nur bei einer Sonnenfinsternis erlebt. Man empfindet eine eigenartig schöne Unheimlichkeit beim Rundblick, und es schien, als würde man selbst und alles rundherum langsam unter eine dunkle Glocke gestellt. Man fühlte förmlich die Mächtigkeit der Natur gegenüber dem Menschen. Dabei war noch immer die bereits extrem schmale Sonnensichel zu sehen. Plötzlich lag ein unheimliches Flimmern vor unseren Augen und auf den umgebenden Bodenflächen. Das mussten die berühmten „fliegenden Schatten" sein.

Es wurde innerhalb von Sekunden so dunkel wie in einer Vollmondnacht, und weitere zwei Sekunden später leuchtete die Sonnenkorona in voller Pracht am Südhimmel auf. Etwas derartig Schönes und Bewegendes hatte bisher keiner von uns in der Natur gesehen. Wie ein schwarzes Auge am Himmel oder ein Loch im Weltraum wirkte die vom Mond überdeckte Sonnenscheibe. Die *plötzliche Stille einer Nacht* legte sich über uns und wir staunten vorerst sprachlos in den Himmel. Die Korona schien hell am Sonnenrand und verlief nach außen ringförmig, leicht ausgefranst bis zur Dunkelheit, die uns ringsum umgab. Plötzlich der Ruf: „Was ist das Rote am Sonnenrand?“ Unglaublich, einige rote Protuberanzen waren tatsächlich mit freiem Auge erkennbar. Diesen Fernglasanblick der Protuberanzen in der Korona werden wir nicht mehr vergessen. Fadenartige, fleckenförmige und einige bogenförmige, auf die Sonnenoberfläche bereits wieder zurückstürzende Protuberanzen waren zu bewundern. Gleichzeitig konnte man die Planeten Venus und Merkur nahe an der Sonne sowie die hellsten Sterne am dunklen Taghimmel sehen. Viele Details sollten uns erst nach einiger Zeit wieder ins Bewusstsein gelangen. Zuviel und zu stark waren die Eindrücke gewesen, um sie gleich anschließend genau wiedergeben zu können. Glücksgefühl über das Gesehene vermischte sich dabei auch mit der leichten Enttäuschung, dass ein so großartiges Schauspiel so kurz und nur so selten stattfindet.

Das Bild zeigt die Sonnenfinsternis in Libyen im Jahre 2006, die von einem guten Bekannten aufgenommen wurde. Die Aufnahme ist eine Komposition einer Weltraumaufnahme der Sonnensonde Soho und der weit ausladenden Korona im Weißlicht über der Wüste Tobruk.

Bei den „Farben der Sterne" wurde bereits der zentrale Teil des Orion-Sternbilds gezeigt. Mit dieser Aufnahme zoomen wir hinein in das unterhalb der Gürtelsterne nach unten gerichtete sogenannte Schwertgehänge. Im unteren Drittel finden wir das wohl meist fotografierte Objekt am Abendhimmel: Den Orionnebel M42 als den bekanntesten Teil des Wintersternbildes. Getrennt durch eine Staubfront findet sich links daneben der Emissionsnebel M43. Im obigen Hubble-Bild, das aus mehreren Einzelszenen zusammengesetzt ist, ist zwar das Zentrum überstrahlt, während ansonsten feinste Details auszumachen sind. Ich habe mich zu dem vermessenen Vergleich hinreißen lassen, dieses beste Hubble-Bild mit meinem Orion-Bild rechts zu vergleichen. Es ist ein Einzelbild im Primärfokus meines Newton-Teleskops mit meiner Canon EOS 350D aufgenommen und ohne Filter und ohne jede Nachbearbeitung. Jedenfalls ist die Identifikation der großen Konturen durchaus möglich!

Im Prinzip bilden sich heute Sterne aus interstellarem Gas unter der Wirkung von Selbstgravitation. Aber dieses vereinfachende Bild wird der heute bekannten Komplexität nicht mehr ge-

© N. Pailer Januar 2009

recht: Die ganze Physik von magnetischen bis hin zu nuklearen Kräften und selbst die Chemie der interstellaren Gaswolke wirken zusammen. Wenn sich heute Sterne bilden, ist die ganze Geschichte seit Beginn des Universums von Belang.

Einer meiner Zuhörer sagte mir nach einem Vortrag, dass es ihn nicht unbedingt überrascht hat, dass Raumfahrt mit ihren Budgets zu guten Bildern kommt. Aber meine Aufnahmen hätten ihn beeindruckt. Es war das schönste aller Komplimente, das mir jemand bezüglich meiner eher stümperhaften astrophysikalischen Fotografierversuche machte!

Ausgerechnet dieses Zentrum des Orion-Nebels wird als

eines der aktivsten Sternentstehungsgebiete

in der galaktischen Nachbarschaft unserer Sonne gehalten.

Zum Nachweis dieser Behauptung reicht das Auflösungsvermögen meines „Voyeurbestecks“ nicht mehr aus. Aber das Hubble-Weltraumteleskop kann noch tiefer hineinzoomen und dem aktiven Sternentstehungsgebiet weitere Geheimnisse entlocken. So sehen wir auf dem detaillierten Bild die Kantenansicht von etwas, das aussieht wie rotierende Staubscheiben, die gerade eben noch den jeweiligen Stern im Zentrum sichtbar werden lassen. Sie zeigen Signaturen, die üblicherweise jungen Sternen zugeordnet werden, wobei die umgebenden, sogenannten protoplanetaren Scheiben diese Eigenschaft unterstreichen: Sie werden für aktive Planetenentstehungsgebiete gehalten.

Bislang ging es um Objekte, die Sterne umkreisen (Planeten oder Kometen) oder Planeten (Monde). Nun haben wir den besten Überblick, was in der Nähe junger Sterne passieren kann: Wir haben die bislang besten Bilder von dem, was für Planetenentstehungsgebiete gehalten wird.
So sollen

Planeten in d

aussehen. Nebenstehendes Bildmosaik zeigt junge Sterne mit ihren protoplanetaren Staubscheiben im Zentrum des Orionnebels in unterschiedlichen Orientierungen.

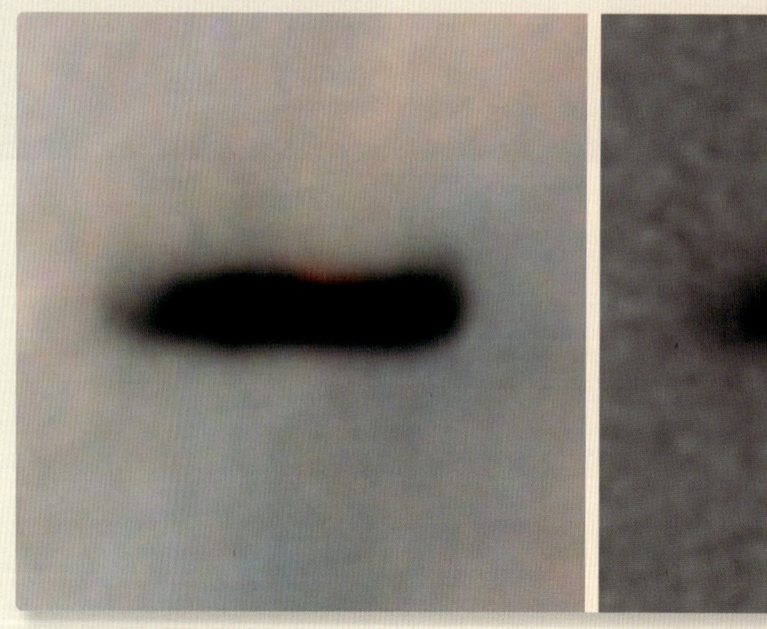

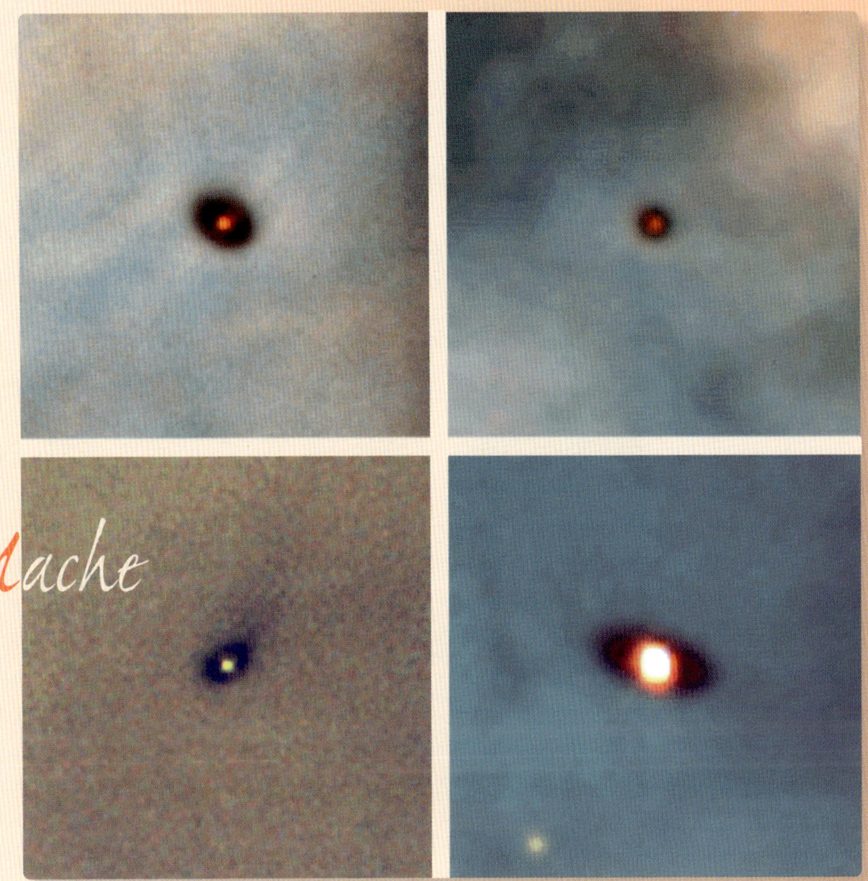

Wir können also – schon allein wegen der langen Zeitskalen – keinen Film ablaufen lassen vom Werden von Planeten, sondern „nur" in einzelne Entwicklungsstadien hineinschauen, die wir für Meilensteine dieses Prozesses halten. Die Summe solcher Bilder nennen wir Planetenentstehungsprozess. Das ist mit den Sternen nicht anders.

Es sei angemerkt, dass die Entdeckung weiterer Planetensysteme die Theorie der Entwicklung unseres Planetensystems empfindlich störte, nicht zuletzt deshalb, weil man in direkter Sonnennähe Jupiter-große Planeten fand, die es dort nach unseren Modellvorstellungen gar nicht geben dürfte. Bis heute lösen diese Entdeckungen bei den Theoretikern Bauchgrimmen aus, weil plausible Modelle dafür fehlen.

Von Experten wird der Planetenbildungsprozess gerne mit dem Bau eines Wolkenkratzers im Auge eines Orkans verglichen, was keine einfache Baustelle ist!

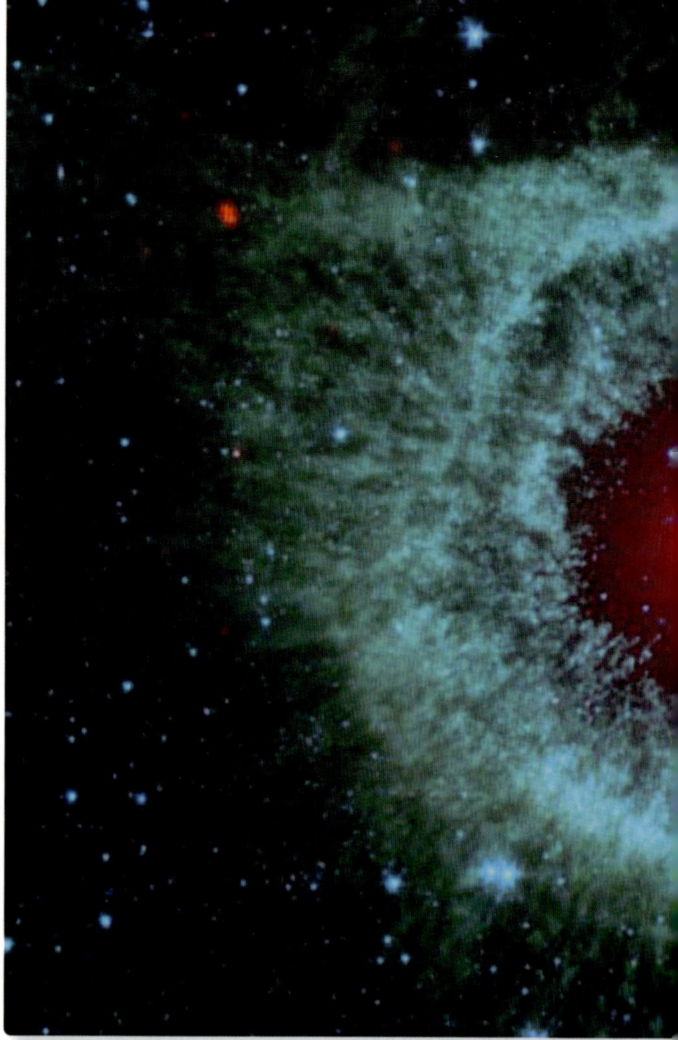

Staubscheiben um junge Sterne haben wir als potenzielle Planetenentstehungsgebiete kennengelernt. Mit dem aktuellen Bild betrachten wir eine staubige Umgebung eines sterbenden Sterns, der vom Format unserer Sonne ist – nur eben älter. Es ist eines der faszinierendsten Bilder aus dem All: Ein türkisgrünes Strahlenmuster umschließt eine in geheimnisvollem Rot glimmende Fläche mit einem kreisförmigen Nebelfleck in der Mitte. Insgesamt gleicht das Gebilde einem Auge. Geschossen hat die Aufnahme das Spitzer-Weltraumteleskop der US-Raumfahrtbehörde NASA. Helix-Nebel lautet der offizielle Name des Himmelsobjekts, doch ergriffene NASA-Forscher tauften es das

„Auge Gottes".

In Wirklichkeit handelt es sich um eine Falschfarbendarstellung, denn das Weltraumteleskop Spitzer liefert Bilder aus dem Infrarotbereich des Spektrums, die erst ein Computer in sichtbares Licht umrechnet. Der Theorie zufolge sollte die alternde Sonne von Planeten und im äußeren Bereich von Kometen umgeben sein. Dann blähte sich der Stern zum Roten Riesen auf. Die inneren Planeten wurden gegrillt oder gleich ganz verschluckt, die äußeren flogen aus ihren Bahnen.

In dieser neuen Spitzer-Aufnahme machten die Astronomen eine merkwürdige Entdeckung: Recht nahe am Stern leuchtet im Infrarotlicht eine Staubscheibe. Sie erstreckt sich im Bereich zwischen 35 und 150 Astronomischen Einheiten um den Weißen Zwerg. „Wir waren von der Staubmenge, die den Stern umgibt, total überrascht", bekennt die Astrophysikerin Kate Su von der University of Arizona in Tucson. Eigentlich hatte man erwartet, dass die explodierende Sonne den Staub im Innern schlicht wegfegt.

In der Zwischenzeit wird davon ausgegangen, dass der Staub von der radial angeordneten Materie

stammt, die man für eine Kometenwolke hält. Durch Kollisionen innerhalb dieser Population soll der im Innern entdeckte Staub stammen. Zusätzlich ist der Weiße Zwerg im Zentrum bekannt für seine Röntgenstrahlenemission, obwohl er mit seiner Temperatur von rund 110 000 °C eigentlich zu kühl ist. Sie könnte nun daher rühren, dass Teile aus der Staubscheibe mit hoher Geschwindigkeit auf den Weißen Zwerg fallen.

Hinweise auf planetare Aktivität um einen Weißen Zwerg sind eine Überraschung. Sie zweimal zu finden und noch dazu mit derart unterschiedlichen Eigenschaften, sind für Astrophysiker ein Schock. Wir sehen ferne Welten in völlig neuem Licht!

Weltraumexperten zufolge soll diese Szene ein Blick in die Zukunft unseres Planetensystems sein, wenn unsere Sonne ihr gegenwärtiges Wasserstoffbrennen abgeschlossen hat - was allerdings erst in rund 4,5 Milliarden Jahren erwartet wird.

Mit dem Ringnebel im Sternbild der Leier habe ich einen planetarischen Nebel in einer Entfernung von 2 300 Lichtjahren erwischt. Er soll der Überrest eines Sterns sein, der vor rund 20 000 Jahren seine äußere Hülle abgestoßen hat.

Was aus der Ferne so farbenfroh aussieht, ist in Wirklichkeit der „Todeskampf" eines Sterns: In der letzten Phase seines nuklearen Lebens stößt ein Roter Riesenstern die äußeren Schichten seiner Hülle ins All ab. Zurück bleibt der glühende Kern einer Sonne, der zu einem Weißen Zwerg kollabieren wird. So die Theorie.

Die Forscher haben allen Grund, ins Schwärmen zu geraten. Die neuen Bilder des Katzenaugen-Nebels haben nicht nur ästhetischen, sondern auch hohen wissenschaftlichen Wert. Sie zeigen den Nebel als ein brennendes Auge in einer glühenden Wolke, die aus elf oder mehr konzentrischen Ringen besteht.

Das untermauert nach Ansicht der Wissenschaftler die erst vor kurzem aufgekommene Theorie, dass solche Materieringe um planetarische Nebel mit ihren alternden Sternen nicht die Ausnahme, sondern eher die Regel sind.

Unser bizarres Gebilde gehört zu der Gattung planetarischer Nebel. Ihr Name ist dabei irreführend, hat aber historischen Hintergrund. Die Nebel sehen im Teleskop eher aus wie Gasplaneten; daher der Name. Es wird davon ausgegangen, dass die bemerkenswerte Struktur der äußeren

Schichten mit ihrem zwiebelförmigen Aufbau

von Staubhüllen kommt, die der Stern in regelmäßigen Abständen von jeweils rund 1 500 Jahren abgestoßen hat. Jede dieser Staubhüllen hat etwa ebensoviel Masse wie alle unsere Planeten zusammen. Astronomen sind vom Aufbau des Gebildes durchaus überrascht, denn sie hatten nicht erwartet, dass sterbende Sterne ihre äußeren Hüllen in Intervallen abstoßen. Erklärungsmodelle reichen von zyklischer magnetischer Aktivität über den Einfluss begleitender Sonnen bis hin zu einem Pulsieren des Sterns. Ein anderer Ansatz besagt, dass die Materie kontinuierlich ausgestoßen wird und erst danach durch äußere Einflüsse ihre charakteristische Struktur erhält. Es darf also noch gerätselt werden! Für untenstehende Szene wurde ein größerer Ausschnitt des Nebels, aufgenommen mit dem Hubble-Weltraumteleskop, mit einer Szene aus dem Röntgenbereich des NASA-Teleskops Chandra (lila Farbe) kombiniert.

Wo ist unser Platz in Raum und Zeit? Das „Raumschiff Erde" durcheilt die Weiten des Alls. Tagsüber sind wir blind wie der Kapitän auf nebligem Meer. Geblendet vom grellen Licht der Sonne können wir nicht erkennen, wo wir sind. Erst nachts weisen uns die nahen und fernen Leuchtfeuer der Gestirne unseren Platz im Universum zu. Nur so kennen wir unsere Koordinaten. Unsere Milchstraße ist eine Art diskusförmige Scheibe. Sie sieht in der Seitenansicht aus wie zwei an ihrer Rückseite zusammen geklatschte Spiegeleier und hat ein schwarzes Loch in ihrem Herzen. Die Milchstraße sehen wir in der Projektion als Band am Himmel. Genauer gesagt sind es die Strukturen der Galaxienarme in unserer Nachbarschaft.

Die Sonne, unser Stern, ist einer von 100 bis 300 Milliarden Sternen. Sie liegt mit ihrer möglicherweise durch eine Supernova von interstellarem Material frei gelegten Blase an der

Innenkante des Perseus- bzw. Orion-Arms unserer Milchstraße 27 000 Lichtjahre vom Zentrum entfernt. Die durchschnittliche Geschwindigkeit ist rund 800 000 km/h. Anschnallen ist hier empfehlenswert ☺. Trotz dieser großen Geschwindigkeit brauchen wir mit unserer Sonne für einen Umlauf rund 230 Millionen Jahre! Ist das nicht die schiere

Unbegreiflichkeit unserer Wirklichkeit:

Wie sollten wir Erdenbürger auch erfassen, dass die große Sonne, um die wir jahraus, jahrein kreisen, nur ein Staubteilchen in einem leuchtenden Feuerrad von Hunderten von Milliarden Sternen ist, die wir harmlos unsere Milchstraße nennen? – Gewaltige Größen, doch lediglich kosmischer Durchschnitt!

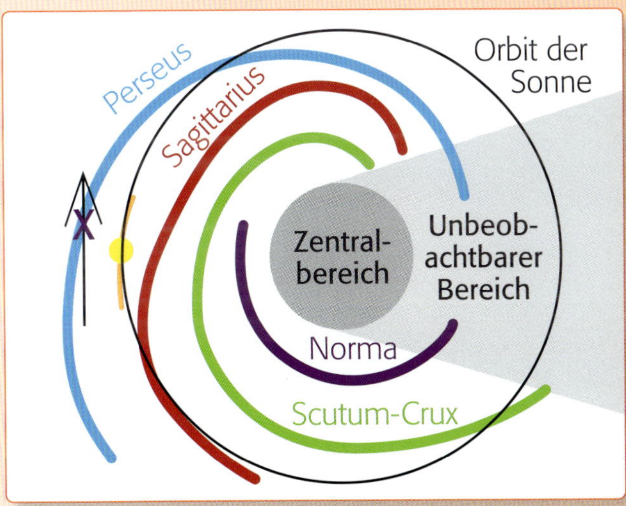

Aufgrund der hohen Geschwindigkeiten innerhalb einer Galaxie, die zudem noch starr rotiert, werden die Verhältnisse mit dem Abstand vom Zentrum noch extremer, weshalb die Dunkle Materie als „Klebstoff" für den Zusammenhalt der Galaxien eingeführt werden muss. Ansonsten würden äußere Teile mit der Zeit aus ihrem Karussell fallen. Darauf wird im nächsten Teil des Buches eingegangen.

Die nebenstehende Skizze veranschaulicht schematisch die Verhältnisse in unserer Milchstraße mit der Position unserer Sonne. Das große Bild ist natürlich keine Außenansicht unserer Galaxie, die wir wegen der gewaltigen Größe nie so sehen werden. Sie soll nur als Beispiel einer Spiralgalaxie gelten, die unserer ähnlich sehen mag.

In Teil 2 haben wir bereits den ausgewählten Platz der Erde inmitten des Grün- oder Lebensgürtels der ansonsten durchaus hochexplosiven Sonne angesprochen. Das entscheidende Kriterium zur Definition eines Gürtels ist das Vorliegen von flüssigem Wasser an der Oberfläche. Während im Planetensystem an vielen Stellen Wassereis nachgewiesen wurde, soll es nur im Bereich der Ökosphäre flüssiges Wasser durch Sonnenwärme geben. Analog dazu kann eine Erde aus Gründen von Sternentwicklungsmodellen nicht um jeden Stern vorkommen. Dazu bedarf es einiger Voraussetzungen.

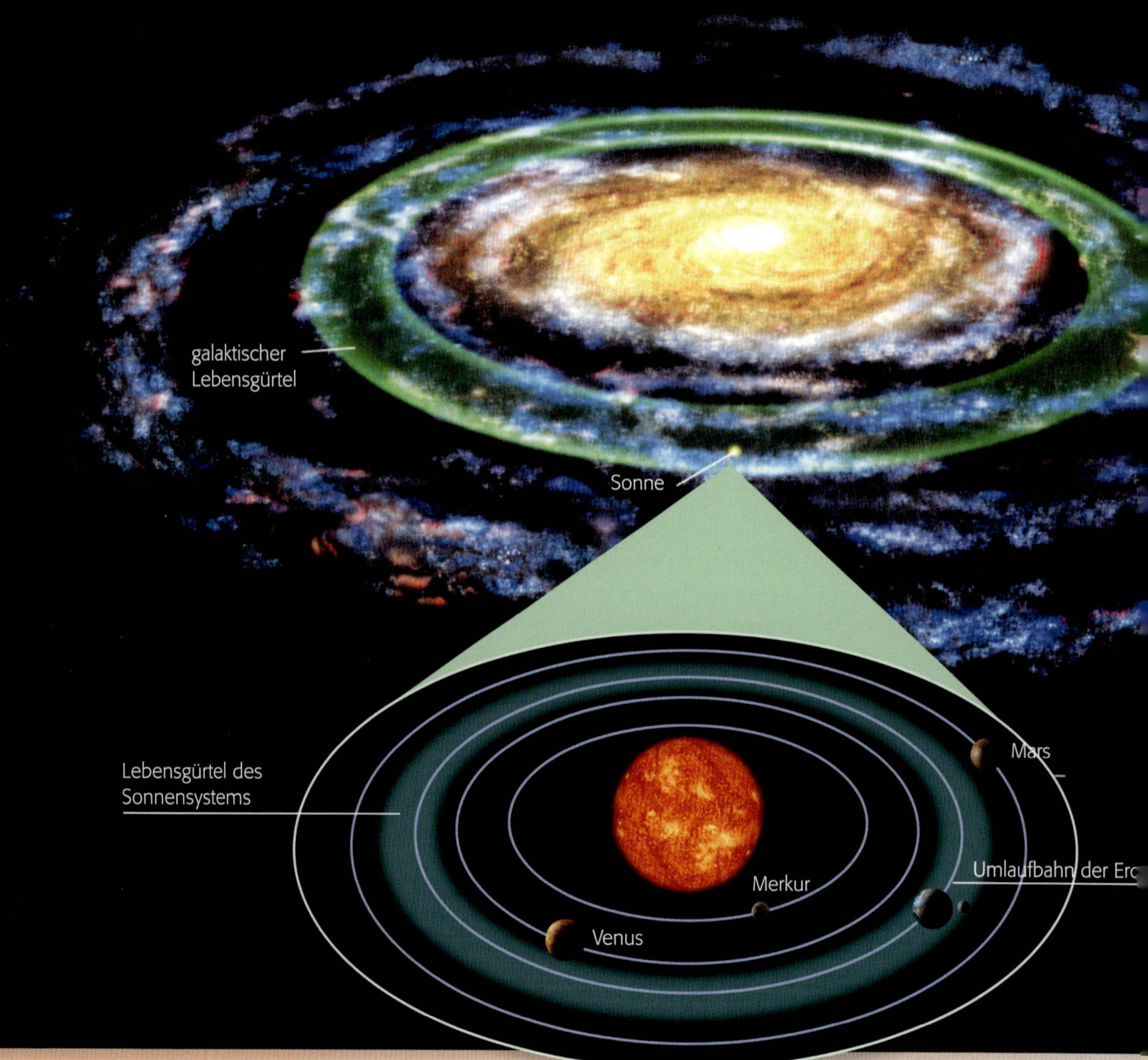

Habitable Zone
Sonnenmassen (in Sonnenmassen)
2
1
0,5
Mars
Erde
Venus
0 0,1 1 10 40
Radius der Umlaufbahnen verglichen mit der Erdbahn

Inzwischen werden auch Untersuchungen angestellt, wo in einer Galaxie Leben nach unseren Vorstellungen möglich sein kann. Das Hauptkriterium hierzu ist die Sterndichte in der jeweiligen Region einer Galaxie. Befindet sich ein Stern mit einem Planeten zu dicht an einer Supernovaexplosion, wird dadurch die Atmosphäre des Planeten zu sehr gestört, was für das Leben gefährlich wäre. Daher wird davon ausgegangen, dass der mittlere Abstand eine bestimmte Mindestgröße haben muss. Des Weiteren müssen auch genügend Elemente in einer Region einer Galaxie für Leben vorhanden sein. Die meisten Elemente mit größeren Ordnungszahlen als Lithium entstehen jedoch erst im Laufe der Zeit durch Kernfusionsprozesse, die im Inneren der Sterne ablaufen, und beim Tod der Sterne ins interstellare Medium abgegeben werden und sich erst dann in Planeten sammeln können. So jedenfalls fordern das unsere Modelle.

Für Spiralgalaxien wie unsere Milchstraße mit etwa deren Alter bedeutet dies, dass die

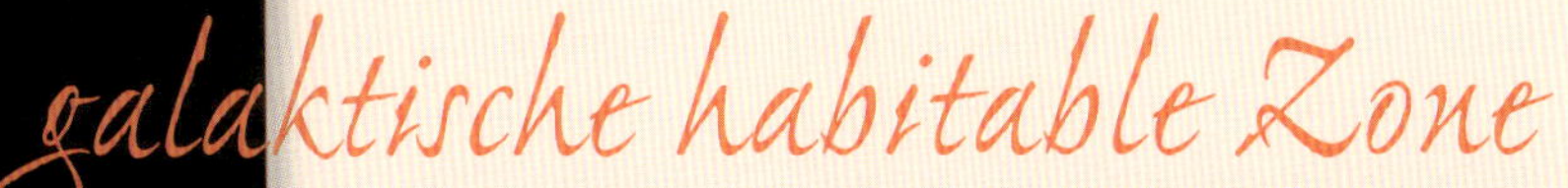

einen Ring um das Zentrum der Milchstraße bildet. Jenseits dieses Rings zum Zentrum hin ist die Sterndichte zu hoch, außerhalb ist sie zu gering, als dass genug Sterne schon genug schwere Elemente produziert haben. Im Laufe der Zeit vergrößert sich der Bereich jedoch nach außen.

Zur diskutierten Definition kommt neuerdings das Kriterium einer Plattentektonik als weitere Voraussetzung für Leben dazu, sodass die Wahrscheinlichkeit für eine mögliche habitable Zone weiter reduziert wurde.

Durch Untersuchungen an Monden großer Planeten hat man zusätzlich Hinweise auch auf Grüngürtel um Planeten wie Saturn und Jupiter entdeckt, wo Reibungswärme durch günstige Umlaufverhältnisse entstehen kann.

Unsere Milchstraße ist natürlich nicht die einzige Galaxie im Universum. In einer klaren Nacht kann man bereits mit einem Feldstecher im Sternbild Andromeda einen nebligen Fleck ausmachen. Das ist die große Andromeda-Galaxie M31, unsere Nachbarmilchstraße im Universum. Sie ist ebenfalls wie unsere Milchstraße eine Spiralgalaxie, allerdings etwas größer.

Entgegen der allgemeinen beschleunigten Expansion des Kosmos gibt es lokale Ausnahmen. Eine hat mit unserer Nachbargalaxie zu tun, mit der wir auf Kollisionskurs sind. Manche bedauern, dass sie diese Mutter aller Feuerwerke nicht erleben werden, wenn in rund zwei Milliarden Jahren unsere Milchstraße mit der Andromeda-Galaxie kollidieren wird. Seit Jahrzehnten wissen die Astronomen, dass unsere Milchstraße dieses Schicksal ereilen wird. Die Sonne, die das kosmische Spektakel noch vor dem bereits beschriebenen Stadium zum Weißen Zwerg erleben wird, und die Erde werden in die Außenbezirke der neuen Galaxie geschleudert. „Man könnte sagen, dass es

zur Rente aufs Land

geht", so einer der Experten der Berechnungen. Von der Erde aus würde man sehen, wie das Milchstraßenband am Nachthimmel von der mächtigen Gravitationskraft der Andromeda-Galaxie zerfleddert wird und zahlreiche Sterne aus ihrer Bahn geworfen werden; siehe künstlerische Darstellung unten rechts.

Wohnen dürfte auf der Erde dann allerdings kaum noch jemand: Wenn das kosmische Spektakel in zwei Milliarden Jahren beginnt, wird die Sonne wohl so hell und heiß sein, dass die irdischen Ozeane verdampft sind.

Optimisten rechnen damit, dass bis dahin der Mensch die interstellare Raumfahrt perfektioniert hat und in ein anderes Planetensystem umgezogen ist ☺. Vom Homo Erectus zum Homo Celesticus?

Aus biblischer Perspektive wird der Ablauf völlig anders sein. Dort lernen wir, dass Himmel und Erde vergehen werden. Weil sie für Weiteres nicht taugen, schafft Gott sie neu.

Nebenstehendes Bild zeigt mit der Andromeda-Galaxie meine erste extra-galaktische Aufnahme. Sie ist von mehr als zehn kleinen Satelliten-Galaxien umgeben, von denen zwei deutlich zu sehen sind.

© N. Pailer 2010

Albert Einsteins Allgemeine Relativitätstheorie besagt, dass große Massen wie die Sonne den Raum krümmen. Dadurch wird Licht abgelenkt und Sterne, die von der Erde aus betrachtet nahe an der Sonne oder knapp hinter ihr stehen, erscheinen gegenüber ihrer eigentlichen Position verschoben. Nach Einstein ergibt sich daher eine andere (scheinbare) Position für diese Sterne.

Prüfen lässt sich dies nur während einer Sonnenfinsternis. Denn damit der Effekt messbar wird, muss das Sternenlicht sehr nahe an der Sonne vorbei. Normalerweise wären diese Sterne unsichtbar, weil sie knapp hinter der Sonne stehen. Nur wenn sie der Mond während einer Finsternis verdeckt, können sie nach dem Prinzip der nebenstehenden Skizze beobachtet werden. Dieser Effekt kann auch zur Vergrößerung fernster Himmelskörper genutzt werden, in deren Lichtweg das massive Objekt einer Galaxie oder gar eines Galaxienhaufens liegt. Massive Galaxien sind nicht nur schön anzusehen, sie haben auch beachtliche Auswirkungen auf das Licht in ihrer Umgebung: Wie eine irdische

Lupe, die das Licht bündelt,

wird auch die Information aus den Tiefen des Universums konzentriert. Das Bild des Objekts erscheint größer. Astronomen, die derartige Effekte gern zum Studium fernster Objekte benutzen, sprechen von „Gravitationslinsen". Sie vergrößern, verzerren und/oder vervielfachen das Bild eines Himmelskörpers. Mit Hilfe großer Teleskope plus einer zusätzlichen Gravitationslinse erreicht man ungeahnte Tiefen im Raum.

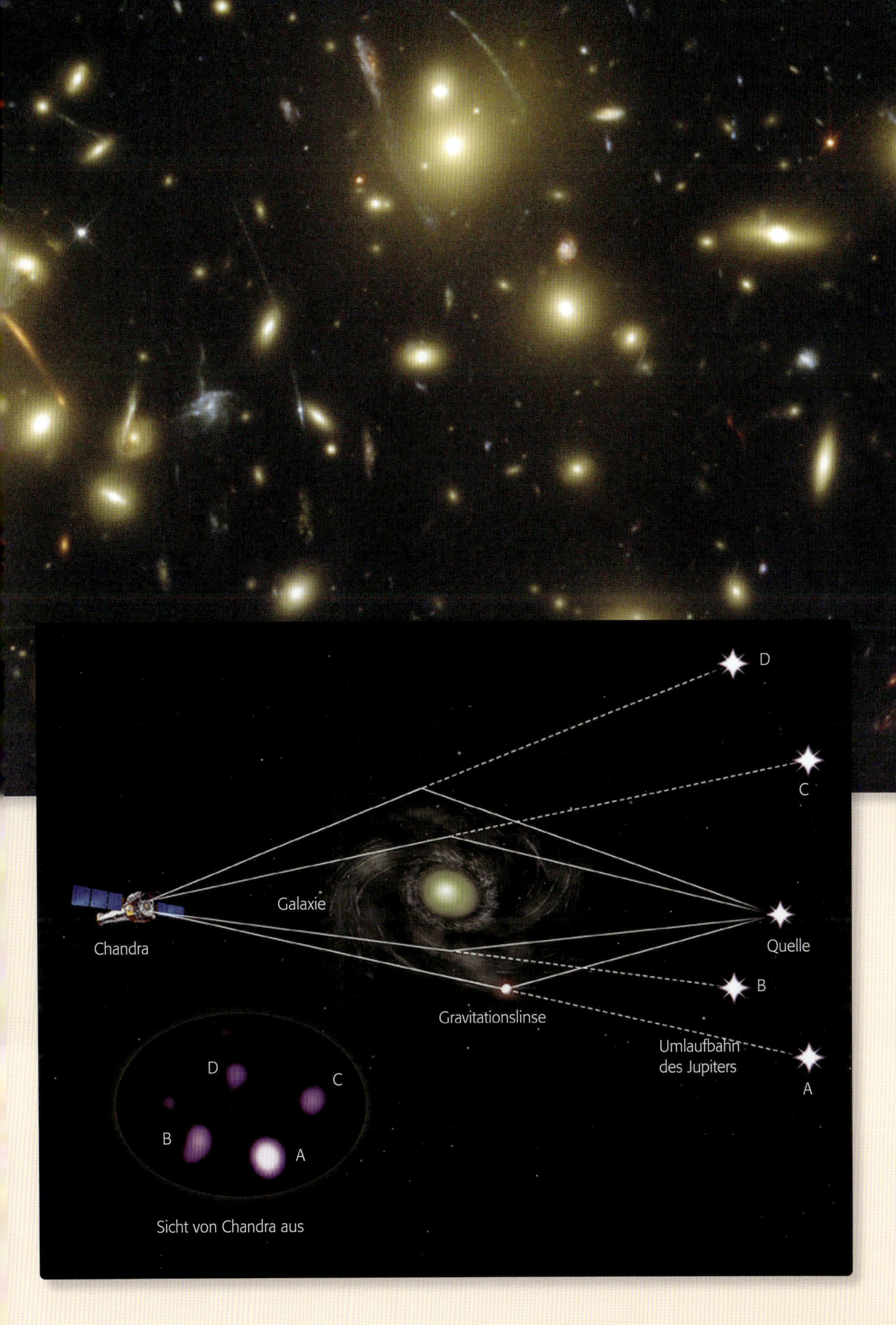
D
C
Galaxie
Chandra
Quelle
B
Gravitationslinse
Umlaufbahn
des Jupiters
A
D
C
B
A
Sicht von Chandra aus

Irreguläre Galaxien haben weder Spiralarme wie die Spiralgalaxien noch weisen sie elliptische Formen wie die elliptischen Galaxien auf. Bekannteste Vertreter dieser Art sind die Große und Kleine Magellansche Wolke an der südlichen Hemisphäre.

Nun passieren durch wechselwirkende Galaxien entweder Galaxienverschmelzungen oder eben Deformationen besonderer Art. Unser Mosaik zeigt davon die schönsten vom Hubble-Weltraumteleskop aufgenommenen Beispiele.

Verschmelzungen von Galaxien

finden bevorzugt in dichten Regionen des Kosmos statt und bevorzugen langsame Relativgeschwindigkeiten. Bei schnelleren Kollisionsgeschwindigkeiten kommt es zu kunstvollen Durchdringungen. Alle wechselwirkenden Galaxien haben aber gemeinsam, dass sie eine Erhöhung ihrer inneren Aktivität zeigen. Das Bildmosaik wurde von der NASA und der ESA im April 2008 anlässlich des 18. Geburtstages des Hubble-Weltraumteleskops veröffentlicht.

Im Bereich der Röntgenstrahlen kann man in die

Chemieküche der Sterne am Rande des Universums

schauen. Das europäische Röntgenteleskop XMM-Newton hat hier schon Erstaunliches freigelegt. Wissenschaftler sehen die Antwort auf die Frage nach der Entstehung schwerer Elemente im Explosionsprozess großer Sterne. Nun hat XMM-Newton einen Quasar mit dem kom-

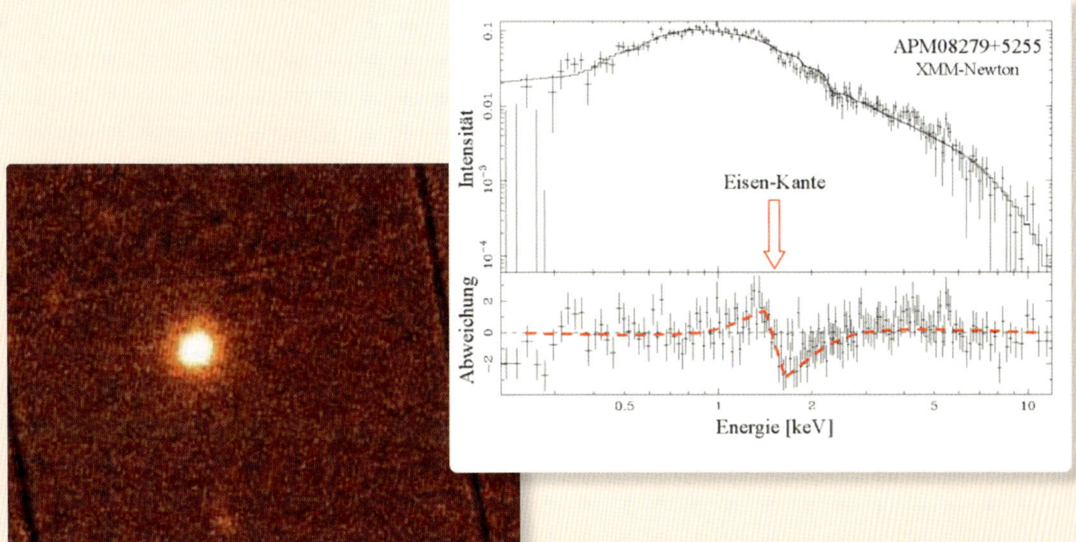

plizierten Namen APM08279+5255 entdeckt, der sehr alt ist und trotzdem viel Eisen enthält. Quasare werden als Objekte des frühen Universums angesehen, wo dieser Prozess der Synthetisierung schwerer Elemente noch gar nicht richtig anlief. Gibt es alternative Erzeugungsmechanismen schwerer Elemente? Hat man einen Prozess bislang übersehen? Jedenfalls ist der hohe Eisengehalt unseres Quasars nicht schlüssig zu beantworten. So die Meinung der Röntgenastronomen.

Zur Zeit habe ich das Vergnügen, eine Studie zu dem Nachfolger von XMM-Newton zu leiten. Es wird gemeinsam von ESA, NASA und der japanischen Raumfahrtbehörde JAXA untersucht und soll ein nie zuvor dagewesenes Observatorium sein, das mit rund 10fach höherer Empfindlichkeit der Elementsynthese im frühen Universum nachspüren soll. Werden wir dadurch eine schlüssige Antwort bekommen?

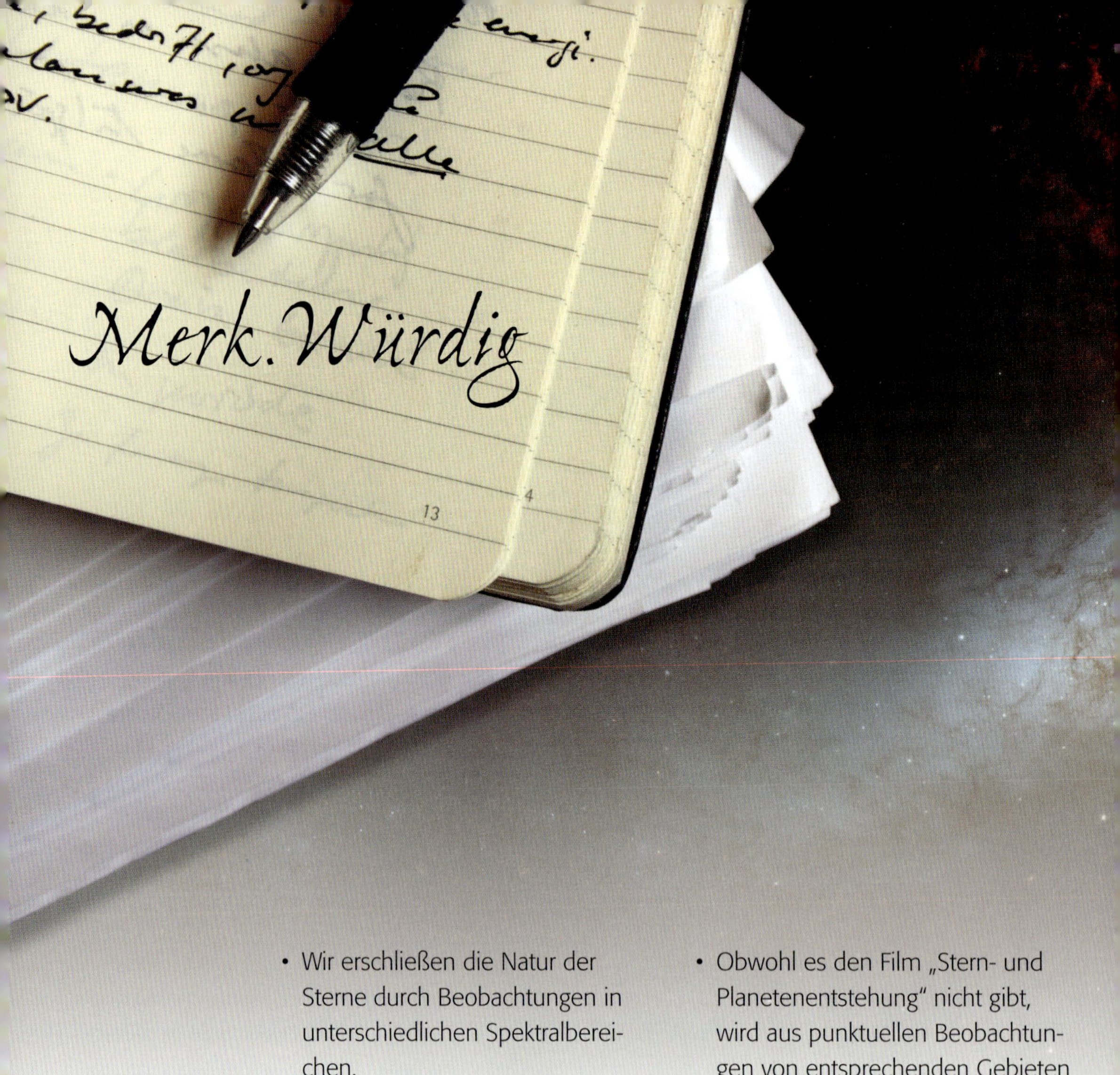

- Wir erschließen die Natur der Sterne durch Beobachtungen in unterschiedlichen Spektralbereichen.

- Die an sich hochexplosive Sonne hat gerade die Eigenschaften, welche die Erde im richtigen Abstand günstige Verhältnisse zum Leben haben lässt.

- Obwohl es den Film „Stern- und Planetenentstehung" nicht gibt, wird aus punktuellen Beobachtungen von entsprechenden Gebieten und Objekten gefolgert, was wir gemäß aktueller Theorien unter einem Sternentstehungsgebiet oder unter protoplanetaren Scheiben verstehen; so versuchen wir, die unterschiedlichen Entstehungsprozesse abzubilden.

- Wie konnte sich die erste Sterngeneration thermalisieren ohne dass es den zur Abstrahlung nötigen Staub gab?

- Sterbende Sterne stoßen ihre äußere Hülle in regelmäßigen Intervallen ab. Das hat der Katzenaugen-Nebel mit dem zwiebelförmigen Aufbau seiner Umgebung gezeigt.

- Zum Erhalt der Langzeitstabilität von Galaxien wird ein Klebstoff gebraucht, der mangels besseren Wissens „Dunkle Materie“ genannt wird.

- Bei aller Ordnung im Kosmos sind wir auf Kollisionskurs mit der Nachbargalaxie Andromeda, was allerdings erst in rund zwei Milliarden Jahren aktuell werden soll.

- Eine ganze Galerie von wechselwirkenden Galaxien zeigte uns, dass nahe Vorbeigänge oder gar Zusammenstöße unter Galaxien nicht ungewöhnlich sind.

- Es gibt weit entfernte – und damit alte – Sterne, die durch einen satten Eisengehalt auffallen, obwohl nach unserem Verständnis ihre Chemieküche dazu noch gar nicht eingerichtet ist.

Teil 4: Zum Anfang der Welt

- Schöpfung & Evolution: weitreichende Konsequenzen
- Prinzip des Urknallmodells
  - Beispiele für Feinabstimmung
  - Mikrowellen-Hintergrundstrahlung
  - Dunkle Komponente
- Zufall
- Gehirn und Bewusstsein
- Kosmologie im Grenzbereich zur Spiritualität
- Außenansicht anhand des Genesis-Berichtes

Mit diesem Thema spüren wir den tiefsten Fragen nach, die Menschen zu allen Zeiten bewegten. Eine häufig gestellte Frage ist die nach dem Anfang der Zeit. Wir sind gewohnt, dass es immer etwas vorher gab. So hatte ein Dienstag zuvor einen Montag, der 2. Weltkrieg einen 1. Weltkrieg. Zu jedem Ort auf unserem Planeten gibt es einen, der z. B. südlicher liegt. Was aber ist südlicher als der Südpol? – Es gibt Fragen, die machen keinen Sinn. Grundsätzlich konnte es erst Zeit geben, als es „Uhren" gab: Wir brauchten dazu Materie und Energie. Im Naturbild (siehe Teil 1) ist dies erst nach dem Urknall anzusetzen. Nach dem Genesisbericht dagegen ist die Zeit eingebettet in Ewigkeit, zuvor und danach.

Die Physik interessiert der Anfang als solcher nicht. Naturwissenschaftliche Daten können wir frühestens erhalten, nachdem erstes Licht freigesetzt wurde, und das ist nach dem Urknallmodell erst rund 400 000 Jahre nach demselben möglich. Fängt deshalb Naturwissenschaft nicht gerade dort an, interessant zu werden, wo sie aufhört?

Eine umfassende Theorie

zum Anfang der Welt

hat neben der Diskussion von Ursachen auch die Frage zu klären, wie aus der „Energiebrühe" eines sogenannten Urknallszenarios der heute hoch strukturierte Kosmos hervorgeht, den uns das Hubble- und das James-Webb-Weltraumteleskop täglich vor Augen führen. Dies hat sich als hartnäckige Nuss für alle kosmologischen Modelle erwiesen. Hoffnungen, über den derzeit angenommenen Anfangshorizont noch hinausschauen zu können, werden an den zukünftigen Nachweis von Gravitationswellen geknüpft.

Viele denken vom Kosmos als intelligent designed. Es ist die zentrale Voraussetzung aller Naturwissenschaft, dass die Natur geordnet ist. Ich möchte deshalb von Gott nicht als dem intelligenten Designer sprechen; das wäre zu menschlich gedacht. Mein Anliegen ist, dass durch das, was ich von seinen Werken ableite, er als der Allmächtige aufscheint. Lasst uns die Raum-Zeit als seine Werkstatt mit offenen Augen und Herzen aufmerksam betrachten!

„Die Menschen begannen naturwissenschaftlich zu forschen, weil sie Gesetzmäßigkeiten in der Natur erwarteten; und sie erwarteten Gesetze in der Natur, weil sie an einen Gesetzgeber glaubten."
Sir Alfred N. Whitehead, Historiker

Warum ist dieses Thema so spannungsreich? Dafür gibt es viele Gründe; einer ist sicher sein umfassender Charakter. Wir reden über das Thema „Evolution und Schöpfung", weil dies in Folge weit reichende Konsequenzen haben kann, die deutlich über die Ursprungsfrage hinausgehen. Es geht letztlich um ein Menschenbild mit unabsehbaren persönlichen Folgen.

Die rein naturwissenschaftliche Welt ist kalt und unpersönlich. Albert Einstein: „Überzeugungen, die für unser Handeln und unsere Werte maßgebend und nötig sind, lassen sich nicht allein auf naturwissenschaftlichem Weg gewinnen." Wie sollen Worte und Werte, wie „Schönheit", „Liebe", „Gerechtigkeit", „Güte" etc.

ohne Kontakt zu dem allumfassenden Gott

gefüllt werden? Ihrem Wesen nach besitzt die Naturwissenschaft einen unvermeidlichen Grad an Vorläufigkeit, denn

- Leben ist von weit höherer Qualität und Komplexität als seine reine Chemie; die chemische Analyse der Farben eines Gemäldes sagt nichts aus über seine Ästhetik
- Bewusstsein ist von höherer Qualität als Instinkt
- eine gerechte, differenzierte Gesellschaft ist von höherer Qualität als das Motiv des Überlebenskampfes des Einzelnen

Die körperlich behinderte Tanja Muster schrieb in der Besinnung „Lebenswert": „In den Medien wieder die Diskussion, ob ich es wert wäre zu leben. Eugenik, vorgeburtliche Diagnostik, Euthanasie. Und ich denke mir: Mit 15 wäre ich gestorben ohne den medizinischen Fortschritt. Vor 60 Jahren wäre ich vergast worden aufgrund des ideologischen Fortschritts. In ein paar Jahren würde ich wegen beidem nicht geboren werden. – Wie soll ich leben mit dieser Vergangenheit in Zukunft?"

„Anstelle von Fakten zur Etablierung einer Theorie, werden oft Theorien benutzt, um Fakten zu konstruieren."

Schöpfung & Evolution:

Konzept mit weitreichenden Konsequenzen

Evolution	→	**Schöpfung**
Zufall	→	Design
Messbares wird auf Messbares zurückgeführt	→	Offen für Eingriff von „außen"
Für Naturwissenschaft zählen nur beobachtbare Daten. Sie kennt keine andere Autorität	→	Wir wissen viel, aber verstehen wenig und es fehlt nicht an Versuchen, den Schöpfungsgedanken weich zu spülen.
Physikalisch konsistente Extrapolation in die Vergangenheit ohne Gewähr auf Historizität; Suche nach der „Weltformel"	→	Zielpunkt sind nicht Fragen nach Vereinbarkeit, sondern die nach Wahrheit.

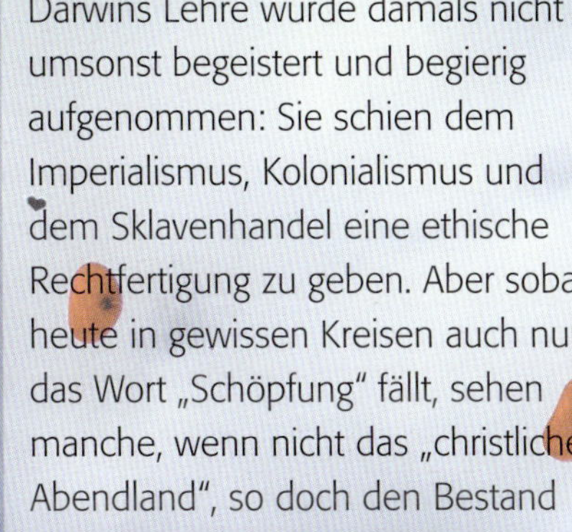

Darwins Lehre wurde damals nicht umsonst begeistert und begierig aufgenommen: Sie schien dem Imperialismus, Kolonialismus und dem Sklavenhandel eine ethische Rechtfertigung zu geben. Aber sobald heute in gewissen Kreisen auch nur das Wort „Schöpfung" fällt, sehen manche, wenn nicht das „christliche Abendland", so doch den Bestand und die Freiheit der Wissenschaft bedroht. 1986 warnten 72 amerikanische Nobelpreisträger nachdrücklich, dass in Schulen von Louisiana in ausgewogener Weise beides nebeneinander gelehrt wird.

Der Staat sollte schon aus Gründen der Folgekosten und der Demographie das biblische Menschenbild fördern: Gottlosigkeit ist teuer; sie ist langfristig nicht zu finanzieren.

Am Anfang war nicht das absolute Nichts. Irgendwer oder irgendetwas befreite das Nichts am Beginn allen materiellen Seins aus seiner Nichtigkeit. Wer oder was dabei als Regisseur agierte, das Theater baute, die Requisiten besorgte und die Bühne zuschauergerecht platzierte, auf der unsere Spezies seit geraumer Zeit ihr Gastspiel zelebriert, steht noch nicht einmal in den Sternen, die als Folge die samtene Schwärze des Alls ein wenig mit Licht beleben. Sicher ist nur, dass ein Urereignis als denkbar gewaltigste Ouvertüre des ersten kosmischen Aktes ein grandioses Schauspiel eröffnete, dessen Schlussakt bestenfalls sein Schöpfer kennt, aber sicherlich keine Menschenseele, geschweige denn eine außerirdische. Es war eine

Premiere ohne Generalprobe,

die kein Zuschauer sehen und beklatschen, kein Auditorium hören, kein Kunstkenner kritisieren und kein Chronist protokollieren konnte. Schließlich setzte sich alles völlig unspektakulär, vollkommen geräuschlos in Szene. Es gab kein Davor, weil vor der Zeit keine Zeit, vor dem Raum keine Räumlichkeit existierte. Nein, Zeit und Raum waren nach dem Urknallmodell anfänglich in einem undefinierbaren, unermesslich kleinen punktartigen Etwas von unvorstellbar hoher Energiedichte und Temperatur gefangen: der Anfangssingularität, die allein den Kräften des Quantenvakuums unterlag. Das punktartige Gebilde war unmessbar klein, grenzenlos heiß, unendlich massereich und stand außerhalb des Jenseits und Diesseits – eigentlich im Niemandsland zwischen Metaphysik und Physik.

Was sich allerdings im Dunkeln der kosmischen Vorgeschichte jenseits von Raum und Zeit im Einzelnen abspielte, bleibt, zum Leidwesen der Historiker des Universums, ein ungeschriebenes Buch mit sieben Siegeln. Zu sehr übersteigt das größte Mysterium des Seins unser Vorstellungsvermögen, zu gering ausgeprägt ist unsere mathematische sowie philosophische Intelligenz. Wie konnte uns die Schöpfung, so könnte mancher fragen, auch mit einem nur auf vier Dimensionen konditionierten Gehirn bestücken, das einerseits komplexer und komplizierter strukturiert ist als das Universum selbst, andererseits aber trotz seiner Milliarden Neuronen und filigranen Netzwerke bis heute nicht fähig ist, den Ablauf der Anfänge zuverlässig zu erfassen? Mutet dies nicht alles wie eine bittere Ironie der kosmischen Geschichte an?

Das Problem, mit dem Urknall-Experten hadern, ähnelt dem Schicksal

„Ich kann mit Zweifel und Nichtwissen leben. Ich denke, es ist viel interessanter mit Nichtwissen zu leben als falsche Antworten zu haben."
Richard Feynman, Physiker

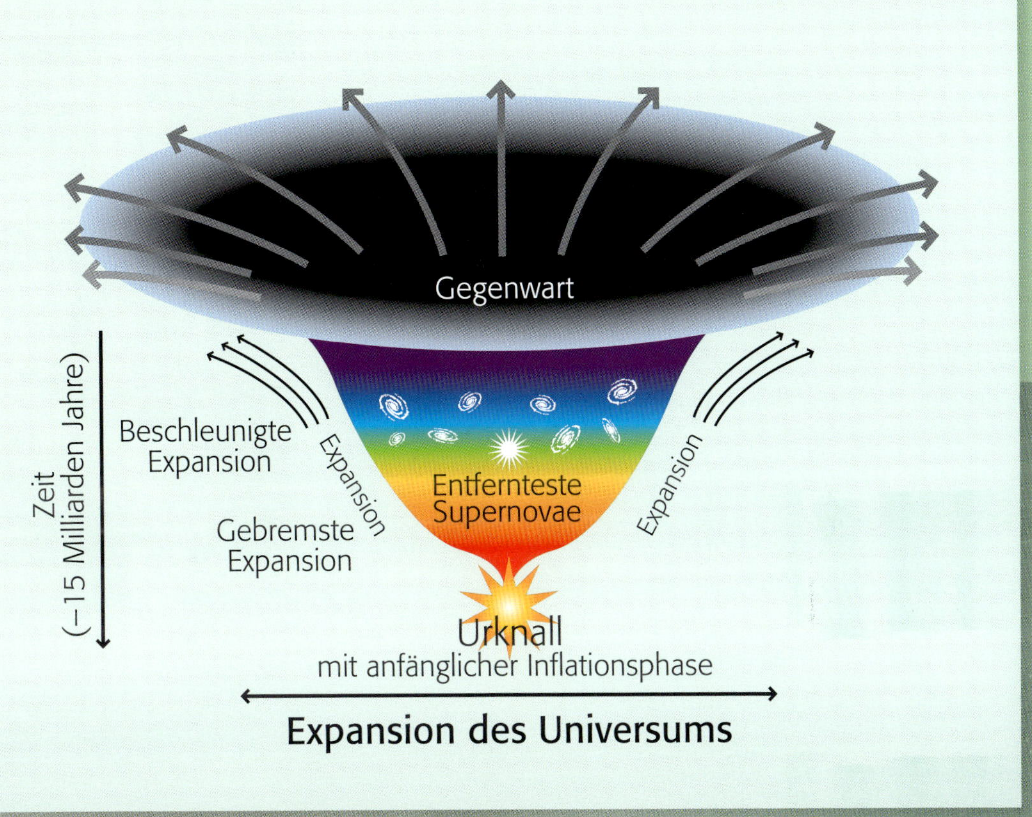

„Es muss da draußen noch etwas geben, das wir nicht kennen."
Stewart Smith, Physiker

frustrierter Archäologen, die ein riesiges antikes Mosaikbild zusammenzusetzen versuchen, ohne dabei von dem Gesamtbild Kenntnis zu haben, geschweige denn das Gros der Mosaiksteine zu besitzen oder deren potenzielle Fundorte zu kennen. Ja, es sieht danach aus, als hätte der Urknall all seine Geheimnisse mit in die Inflationsphase genommen. Wer aus der Sicht eines Urknallmodells etwas über den Beginn der Welt wissen will, muss den Nachhall, das Echo des Urknalls – sprich die kosmische Mikrowellen-Hintergrundstrahlung – wie ein Chirurg sezieren und wie ein Detektiv unter die Lupe nehmen.

Selbst in einem Urknallmodell sind Raffinessen der Schöpfung offensichtlich. Beispiel 1:

Feinabstimmung: Materie – Antimaterie.

Eine beispiellose Feinabstimmung ist nötig, die überhaupt erst zur Entstehung von Materie führt: Für jeden Fotografen ist eine Belichtungszeit von 1/1000 s ein Begriff, also 10^{-3} s. Wir reden nun von einer Momentaufnahme des Universums zu einer Zeit von 10^{-35} s nach besagtem Urknall. Selbst wenn sich nichts beweisen lässt, schauen die Theoretiker mit ihren Modellvorhersagen in diese Zeit hinein. Temperatur 10^{28} K. Das extrem heiße Plasma besteht aus Teilchen und Antiteilchen von X-Bosonen, Quarks und Gluonen, die sich ständig ineinander umwandeln. Aufgrund der fortschreitenden Expansion des Raumes kühlte er auf 10^{27} K ab, sodass die Energie für die Bildung dieser superschweren Teilchen nicht mehr ausreichte, und die X-Bosonen zerfielen in Quarks. Was jetzt passiert, gehört zum größten Geheimnis der Urknall-Theorie:

Theoretisch hätte der völlig symmetrische Zerfall der X- und Anti-X-Bosonen in genau so viele Quarks und Antiquarks erfolgen müssen und jedes Teilchen hätte sich wie gewohnt mit seinem Antiteilchen zu Strahlung vernichtet (Annihilation). Stattdessen stellt sich ein winziges Ungleichgewicht ein: Auf etwa 10 Milliarden Quarks entstand jeweils ein Antiquark weniger. Damit hatten die Quarks einen Überschuss von ca. eins zu 10 Milliarden. Bei weiterer Abkühlung des Kosmos konnten die Quarks nicht mehr als selbständige Teilchen existieren. Sie bildeten Protonen und Neutronen bzw. deren Antiteilchen. Die diskutierte Asymmetrie setzte sich dabei fort. Dann kam der entscheidende Augenblick: Nachdem die Temperatur auf 1 000 Milliarden K abgesunken war, zerstrahlten die Protonen paarweise mit den Antiprotonen und die Neutronen mit den Antineutronen zu Photonen. Zurück blieben nur die Protonen und Neutronen, für die es keine Antiteilchen gab. Daraus folgt die enorme Tragweite des Ereignisses: Die gesamte Materie in Form von

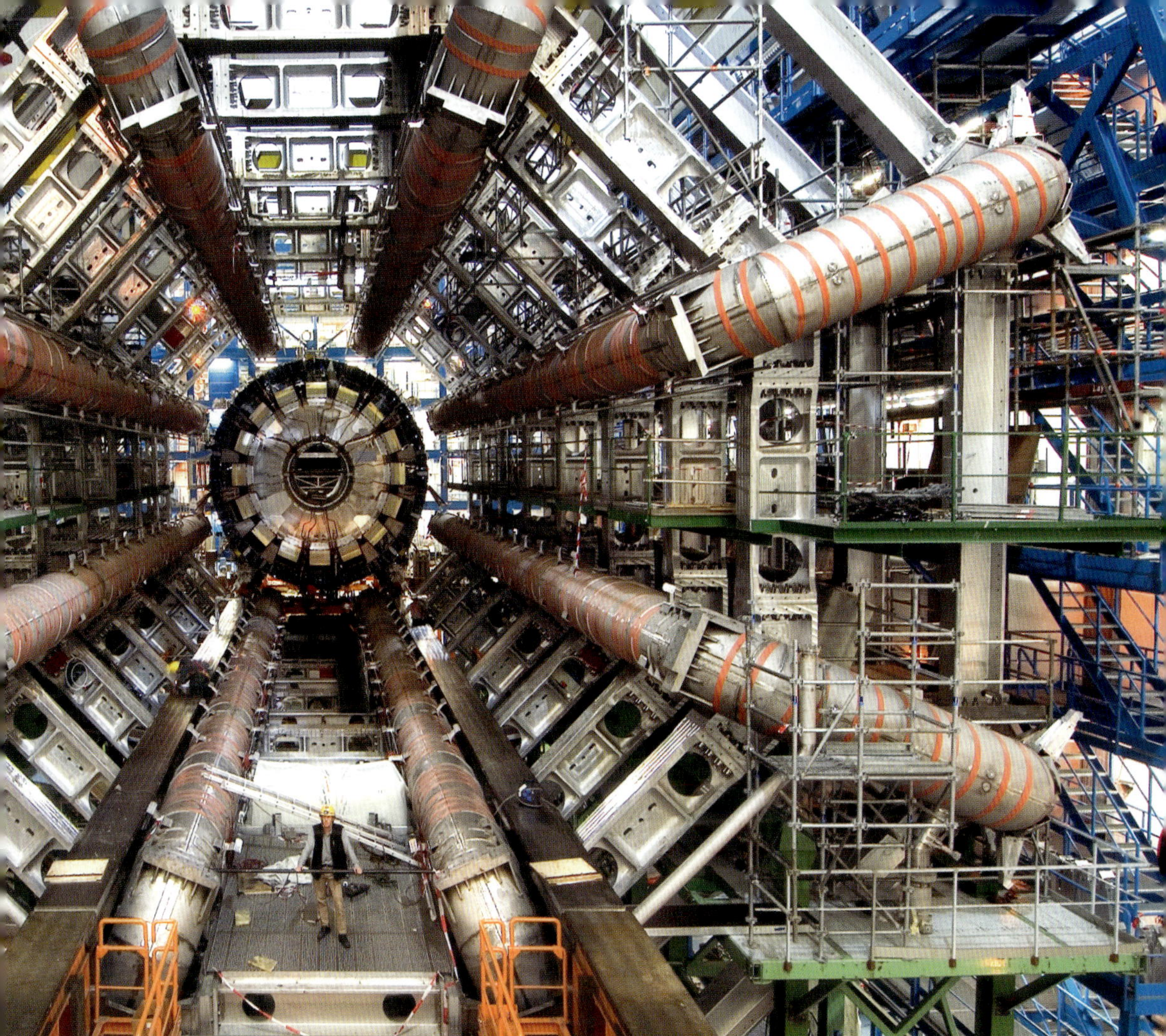

Sternen, Galaxien, intergalaktischem Gas und was es sonst noch alles im Universum gibt (materielle Substanz unseres Körpers), muss nach dem Modell aus den paar wenigen Protonen und Neutronen, die der Vernichtung entgangen waren, entstanden sein. Allein dieser verschwindend kleinen Asymmetrie ohne schlüssige Erklärung im frühen Kosmos verdanken wir im Urknallmodell unsere Existenz. Diese kleine Unsymmetrie ist im Standardmodell der einzige Grund, weshalb wir überhaupt einen „Materiekosmos" vorfinden und nicht einen reinen Lichtkosmos haben, in dem es nur Strahlung gibt. Nur etwa eine zehntausendstel Sekunde, weniger, als das Auge für einen Wimpernschlag benötigt, hat es gedauert, bis praktisch aus dem Nichts überall gleichmäßig im Kosmos verteilt die Grundform der uns bekannten Materie vorhanden war. Eine derart rasante Entwicklung hat es im ganzen späteren Universum nie mehr gegeben!

Wie sich Materie so clever verhalten kann, woher letztlich die Regeln und Gesetze der Natur überhaupt kommen, ist an keiner Stelle erklärend bedacht. Sie werden sozusagen als Gott-gegeben angesehen – was ja so falsch nicht sein muss!

Im Rahmen gängiger Urknallvorstellungen ist es höchst erstaunlich, wie durch die Synthese schwerer Elemente der für das Leben benötigte Kohlenstoff entstanden ist. Beispiel 2:

Feinabstimmung: Kohlenstoffsynthese

Wasserstoff, Helium und Anteile von Lithium werden als Ergebnis des Urknallszenarios angesehen. Schwere Elemente, auch Kohlenstoff, sollen erst später im Innern von Sternen bzw. Supernovae gebildet worden sein.

Drei Heliumkerne pro Kohlenstoffkern werden als Grundvoraussetzung benötigt.

Dass gerade drei davon zusammenstoßen, ist sehr unwahrscheinlich, weshalb diese Reaktion auch zu langsam wäre. Dann wurde von Edwin Salpeter eine alternative Reaktion eingeführt, denn viel häufiger ist der Zusammenstoß von zwei ^{4}He-Kernen, die ^{8}Be produzieren.

Der Zusammenstoß eines Berylliumkerns mit einem weiteren Heliumkern liefert aber nicht notwendigerweise einen Kohlenstoffkern, denn durch die meisten Stöße wird Beryllium zerstört oder eben nur abgelenkt. Da Beryllium zudem eine Lebensdauer von nur 10^{-16} s hat, sind nicht viele Versuche möglich. Trotzdem fusioniert Helium mit Beryllium zu Kohlenstoff, weil der Kohlenstoffkern in seinem Anregungsspektrum bei genau der richtigen Energie eine Resonanz hat, welche die Bildungswahrscheinlichkeit drastisch erhöht. Im Jahre 1954 erkannte der Kosmologe Fred Hoyle, dass auch diese Reaktion nicht genügend ergiebig ist, es sei denn, sie läuft – wie erwähnt – resonant ab. Das bedeutet folgendes: Da der angeregte Kohlenstoffkern nur ganz bestimmte Energieniveaus annehmen kann, läuft die Reaktion nur dann mit genügend hoher Ausbeute ab, wenn die Energie der Stoßpartner ^{8}Be und ^{4}He zusammen gerade einem erlaubten Energieniveau des Kohlenstoffs entspricht, wenn sie also in Resonanz sind. Fred Hoyle sagte nun aufgrund der Tatsache, dass Leben auf der Kohlenstoffbasis existiert, ein noch unentdecktes Energieniveau des Kohlenstoffkerns voraus. Dieses wurde später tatsächlich gefunden und liegt nur 4% über der Summe der Massenenergie der Stoßpartner. Dieser merkwürdige „Zufall" kommt durch ein sehr kompliziertes Zusammenspiel der Kräfte der Starken Wechselwirkung in den Kohlenstoffkernen zustande. Der fehlende Energiebetrag wird leicht aus der kinetischen Energie der Kerne aufgebracht.

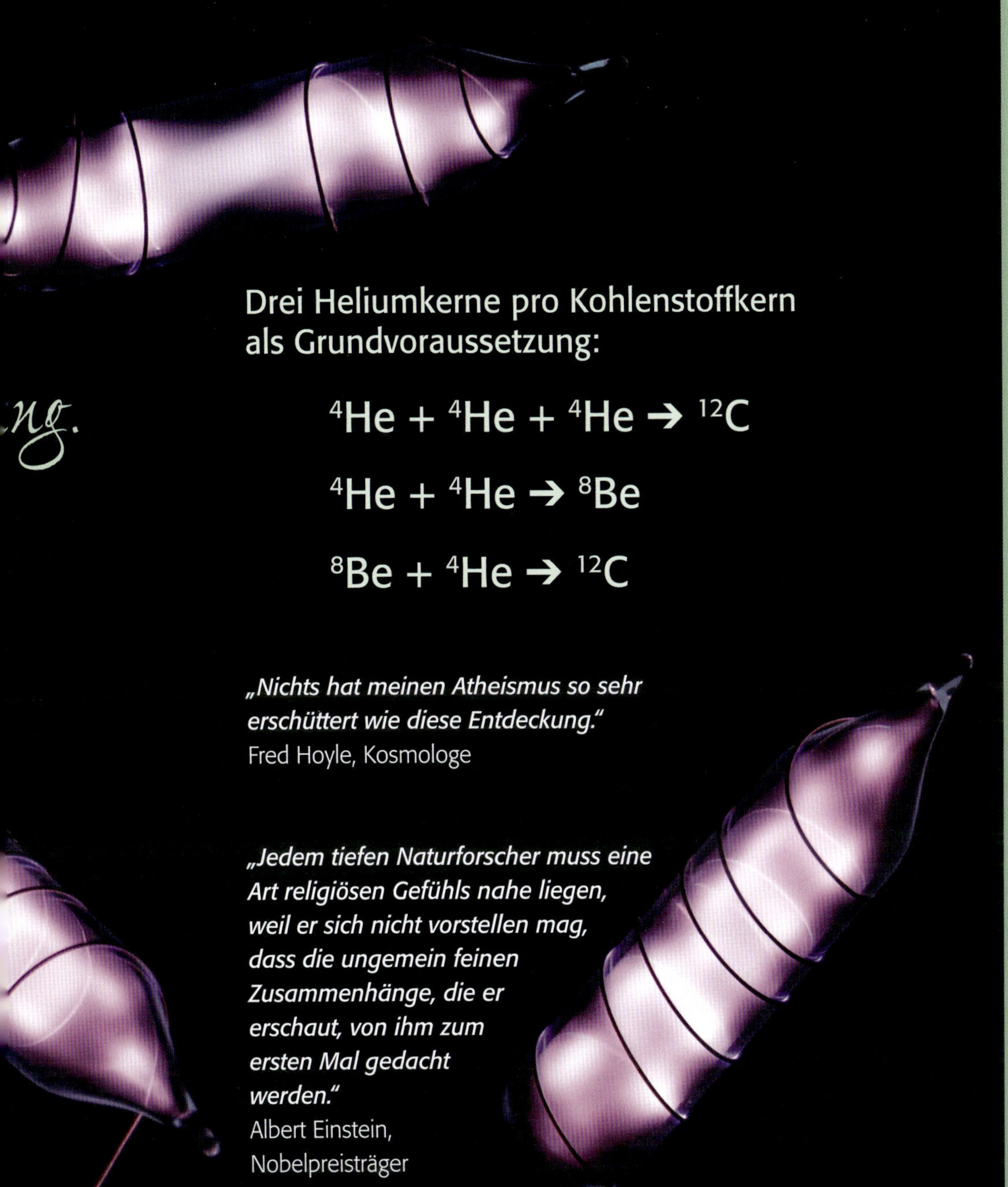

Fast noch merkwürdiger ist, dass der Kohlenstoff nicht nach einem entsprechenden Schema sofort zu ^{16}O weiter reagiert und dann gar nicht vorhanden wäre:

$$^{12}C + {}^{4}He \rightarrow {}^{16}O$$

Tatsächlich hat ^{16}O ein „resonanzverdächtiges" Energieniveau. Dieses ist aber für eine ergiebige Reaktion um 1% (!) zu niedrig.

Im naturwissenschaftlichen Bild wird davon ausgegangen, dass die schweren Elemente jenseits von Helium im Innern großer Sterne durch Kernfusion entstehen. Zusätzlich muss aber das Problem gelöst werden, wie diese Elemente zugänglich werden, sprich dem interstellaren Medium beigemischt werden. Beispiel 3:

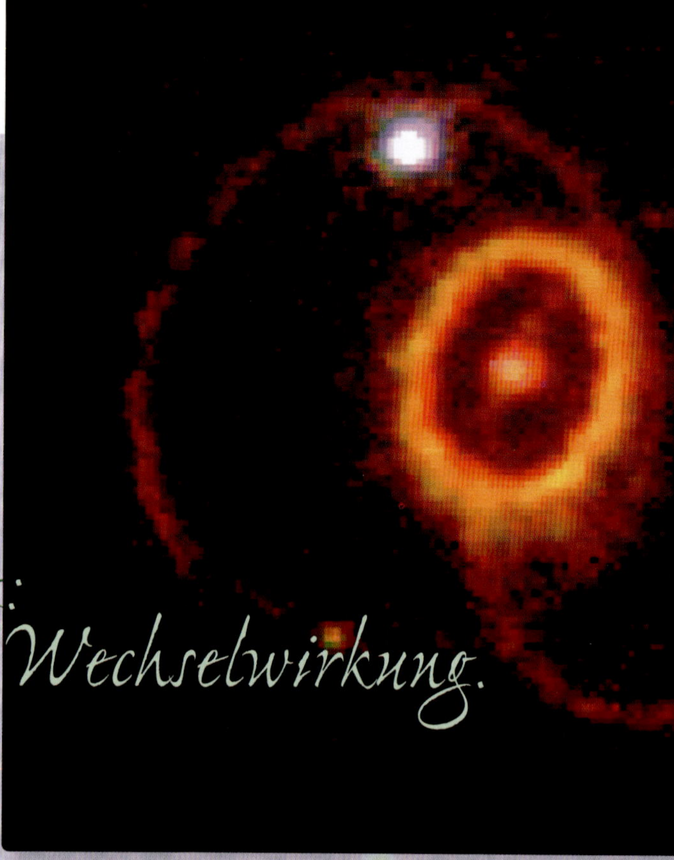

Feinabstimmung: Schwache Wechselwirkung.

Gehen wir für unsere Überlegungen von einem Stern mit rund 25 Sonnenmassen aus, in dessen Zentrum sich Eisen (Eisen ist das schwerste Element, das über Fusion im Innern eines Sterns synthetisiert werden kann) in der Größenordnung einer Sonnenmasse gebildet hat. Da der Strahlungsdruck im Innern durch abklingende Fusion nachlässt, wird dieser Stern instabil. Auf sein Inneres stürzt die äußere Sternmasse ein, was die Elektronen und Protonen des Eisenkerns zu Neutronen zusammenpresst. Damit haben wir einen Neutronenball von einer Sonnenmasse im Zentrum, aber sein Volumen ist extrem bis auf die Größe des Mount Everest zusammengepresst worden: Mit bis zu 15% der Lichtgeschwindigkeit stürzt die äußere Sternmaterie in Form einer Stoßfront auf diesen Kern, der sich nun allerdings kaum mehr komprimieren lässt – und zurückprallt. Dieser Rückstoß erzeugt gewaltige Temperaturen und hohe Drücke, wodurch nun eine radiale Schockwelle nach außen läuft. Das passiert in kürzester Zeit. Der Stern kann einen Durchmesser von der Größe der Jupiterbahn haben. Wenn die Schockwelle ihn durchläuft, dann trifft sie auf Widerstand und wird langsamer, muss sie doch rund 24 Sonnenmassen bewegen. Ohne Hilfe würde sie sich schnell totlaufen. Aber ihr folgt eine Flut von Neutrinos, die im Neutronenkern unter dem Druck der einfallenden Materie erzeugt wurde. Nun ist die Materie in der sich verlangsamenden Stoßfront so dicht, dass sie die Energie vieler Neutrinos absorbiert, wodurch sie neuen Schub bekommt – um den Stern zur Explosion zu bringen. Die Geschichte fasziniert an sich. Doch wo bleibt nun die Feinabstimmung? Sie steckt im Neutrino-Ausbruch, durch den der Stern zur Explosion gebracht wird. Computersimulationen in den 80er Jahren des letzten Jahrhunderts haben gezeigt, dass die Schockwelle diese Aufgabe allein nicht lösen kann und Neutrinos

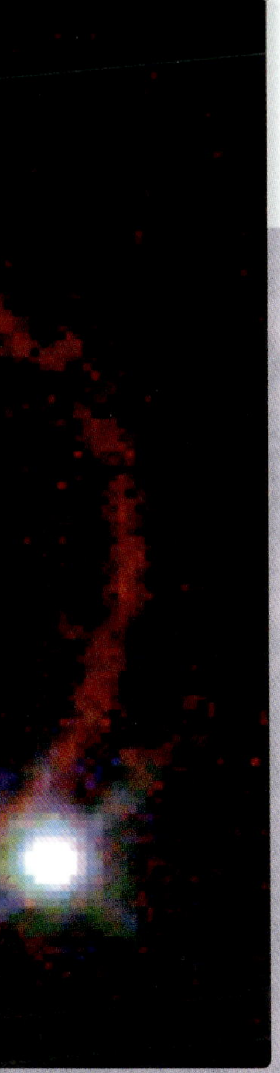

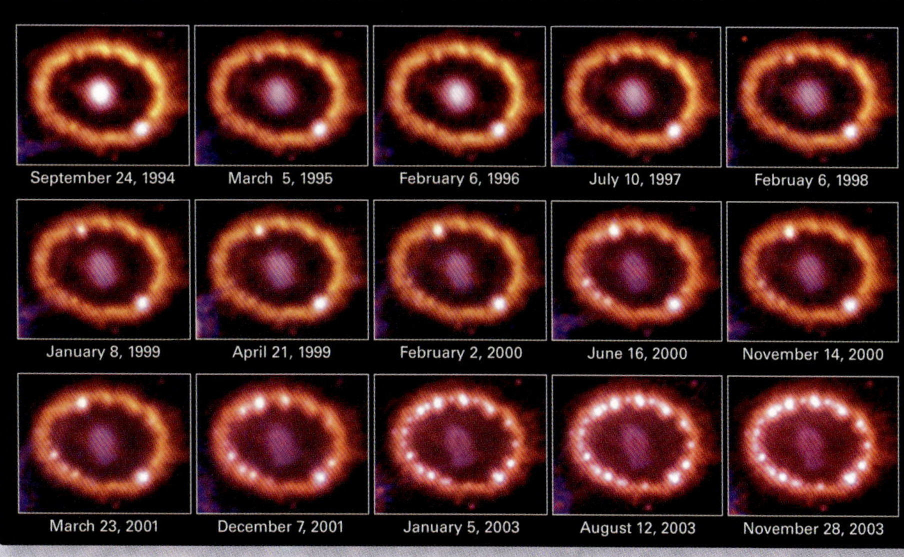

Bei den Feinabstimmungen handelt es sich nicht um Anpassungen, wie sie in der Evolutionsbiologie diskutiert werden. Sie sind nicht zweckmäßige Ergebnisse einer „kosmischen Evolution", sondern im naturwissenschaftlichen Bild festgestellte, nicht tiefer begründete Voraussetzungen für Leben. Müsste, um die Welt zusammen zu halten, nicht eigentlich immer jemand ununterbrochen auf sie schauen?

daran beteiligt sein müssen. Aber einige Experten waren skeptisch, weil eine erstaunliche Feinabstimmung der Eigenschaften der Neutrinos für diese Aufgabe Voraussetzung ist. Alles hängt von der Schwachen Wechselwirkung ab, einer der vier Grundkräfte. Wäre die Schwache Wechselwirkung etwas zu schwach, dann wäre selbst eine dichte Schockwelle für Neutrinos durchlässig und sie würden einfach durch den Stern hindurchfluten, wie sie es auch meist ungehindert durch die Erde tun, weil ihr Wechselwirkungsquerschnitt sehr klein ist. Wenn allerdings die Schwache Wechselwirkung etwas größer wäre, dann würden die Neutrinos in Reaktionen im Sterninnern selbst verwickelt und würden für die hier benötigte Aufgabe nicht zur Verfügung stehen. Die Schwache Wechselwirkung muss genau richtig dosiert sein, damit genug Neutrinos aus dem Zentrum entweichen und mit der Schockwelle wechselwirken können. Verbliebene Zweifel an diesem Bild des Explosionsmechanismus wurden durch Untersuchungen an der Supernova SN1987 A ausgeräumt: Die Energie und die Anzahl der Neutrinos, die der Supernova entkamen und vermessen wurden, entsprechen der Forderung der Modelle. Sie bestätigen den Mechanismus, dass in der Tat die Neutrinos die treibende Kraft liefern, die große, mit schweren Elementen durchsetzte Gasmassen im Sterninnern in den interstellaren Raum treiben können. Im Naturbild ist dies die Voraussetzung für Planeten wie die Erde und was damit zusammenhängt. Die explodierende Hülle eines Sterns ist die Turboversion der Nukleosynthese.

„Können so viele Zufälle zufällig sein?"

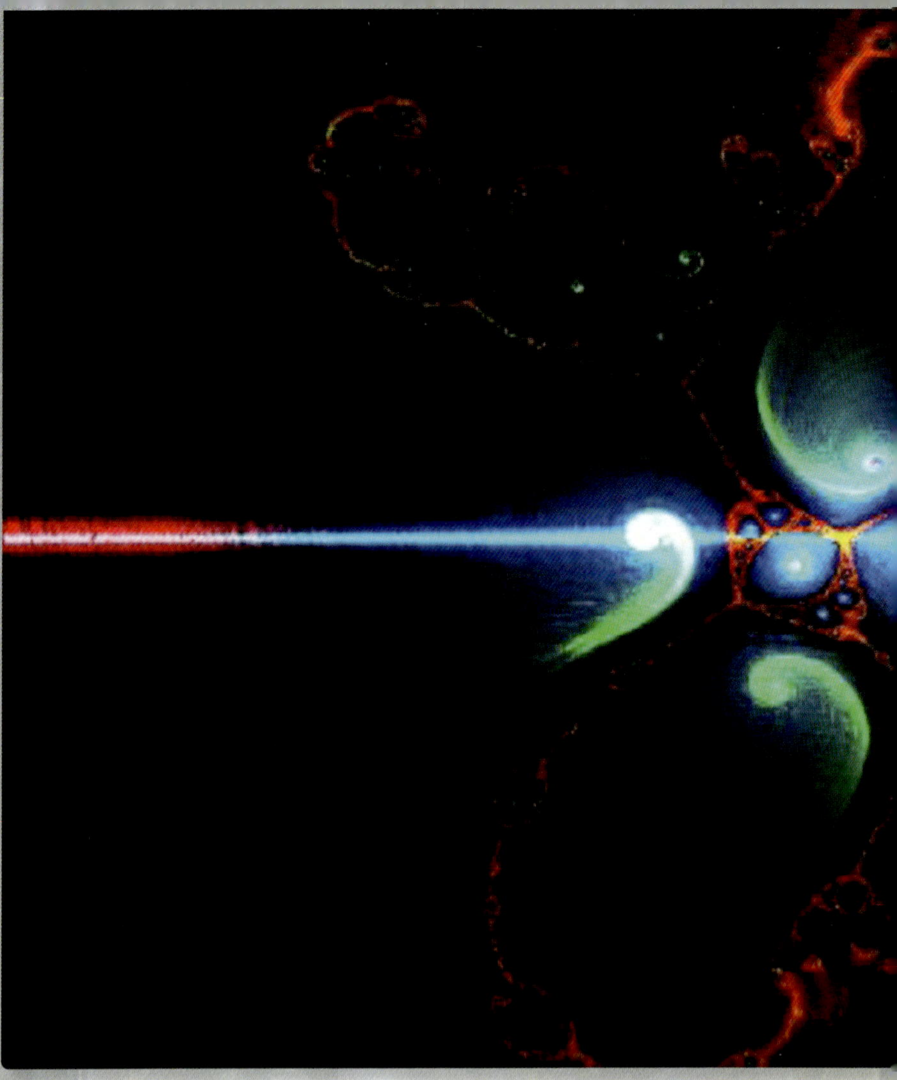

Die diskutierten Feinabstimmungen werden von vielen Experten entdeckt und anerkannt, aber unterschiedlich interpretiert, z. B. mit der Vorstellung von Multiversen verbunden, unter denen das unsrige eines ist. E. Tryton schrieb in diesem Sinn: „Our Universe is simply one of those things which happen from time to time." Da kann man sich zu recht fragen, ob es wirklich nicht sparsamer geht!

Dennoch behaupten Experten, dass die Quantenmechanik, die Stringtheorie und die Inflation des Universums (im Urknallmodell) darauf hinweisen, dass unser Kosmos nur einer von unendlich vielen unabhängigen Blasen-Universen ist. Die Schöpfung als riesiges Shopping-Center! Aber wer oder was hat die Kollektion entworfen?

Neben vielen anderen Konsequenzen würde dieses Modell eine Unzahl von nicht beobachtbaren Universen bedeuten, was aber nicht testbar wäre und schon allein damit die Fundamente der Naturwissenschaft unterminieren würde.

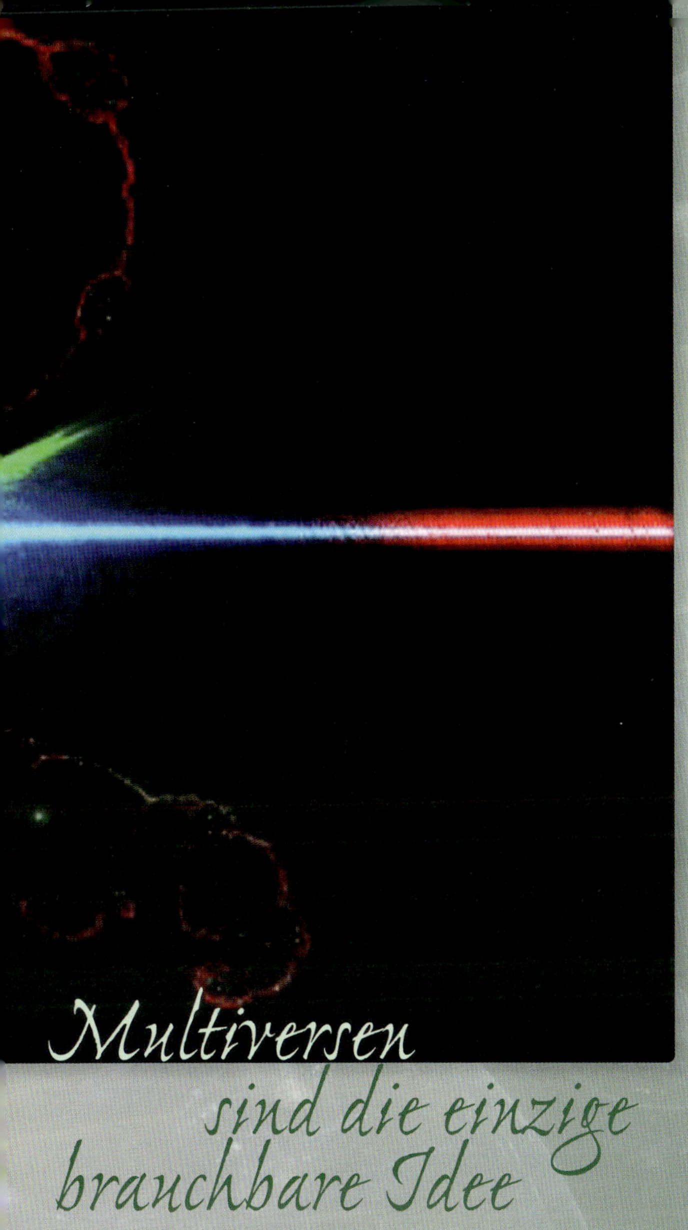

Multiversen sind die einzige brauchbare Idee

„Aus dem Nichts lässt sich nichts machen außer Multiversen.“ ☺

einer nicht-religiösen Erklärung der, wie es im Englischen genannt wird, multiple fine-tuning coincidences, der mehrfachen Feinabstimmungsfälle. Es ist eine reine, künstliche Gedankenkonstruktion, die hinter die Klarheit der Naturwissenschaft zurückfällt. Es ist der Gipfel der Irrationalität, eine Billion Universen zu postulieren, anstelle den einen Gott als Schöpfer anzuerkennen!

George Gamov hat schon 1948 eine Strahlung im frühen Kosmos vorhergesagt, die Arno Penzias und Robert Wilson 1965 zufällig als „Dreckeffekt" beim Aufbau eines empfindlichen Mikrowellensenders, aus allen Richtungen kommend, nachwiesen. Vielleicht wäre diesem Dreckeffekt keine weitere Beachtung geschenkt worden, hätten sie sich nicht solche Mühe gemacht, ihn los zu werden und hätte nicht Robert Dicke und sein Team in der nahegelegenen Universität von Princeton zufällig davon erfahren. Denn sie waren gerade am Aufbau eines Experiments, um eben diese Strahlung, den sogenannten Mikrowellenhintergrund, nachzuweisen.

Sofort machten sie sich auf den Weg, um kurze Zeit danach festzustellen, dass die Strahlung, nach der sie suchten, bereits entdeckt war, ohne dass es die Entdecker wussten. Im Jahre 1978 war dieser Dreckeffekt immerhin den Nobelpreis wert.

Warum sind nun die minimalen Temperatur- bzw. Dichteunterschiede dieser ersten Strahlung so interessant? Die anfänglich gleich verteilte Materie ist in der Tat in einem labilen Gleichgewichtszustand. Die geringste Störung führt zur Ausbildung von Dichteunterschieden, welche durch die Gravitation verstärkt wird, sodass am Ende Materieverklumpungen erwartet werden. Sie sollten die

Keimzelle von Sternen und Galaxien

sein. Der tatsächliche Unterschied von Punkt zu Punkt im Bild von WMAP (Wilkensen Microwave Anisotropy Probe) rechts unten ist ungefähr +/– 0,0002 Grad. Reichen solche minimalen Unterschiede tatsächlich aus, um in der relativ „kurzen" Zeit von rund 14 Milliarden Jahren den hoch strukturierten Kosmos herauszubilden, den wir heute kennen? Deshalb wurden mit Spannung erste Daten des europäischen Mikrowellenteleskops Planck erwartet, das die schon beachtliche Auflösung der amerikanischen WMAP-Mission weiter verbessert hat. Jedenfalls gilt der Nachweis der Mikrowellenhintergrundstrahlung als Erfolg für das Urknallmodell, wenn auch um Faktoren höhere Temperaturunterschiede erwartet wurden. Man kann gespannt sein, was uns die neue Mission der ESA mit deutlich mehr Beobachtungspotenzial über den Mikrowellenhintergrund lernen lässt. – Das Urknallmodell – ein Netz mit großer Maschenweite!

Was geschieht, wenn empirische Daten in eine Richtung zu zeigen schei-

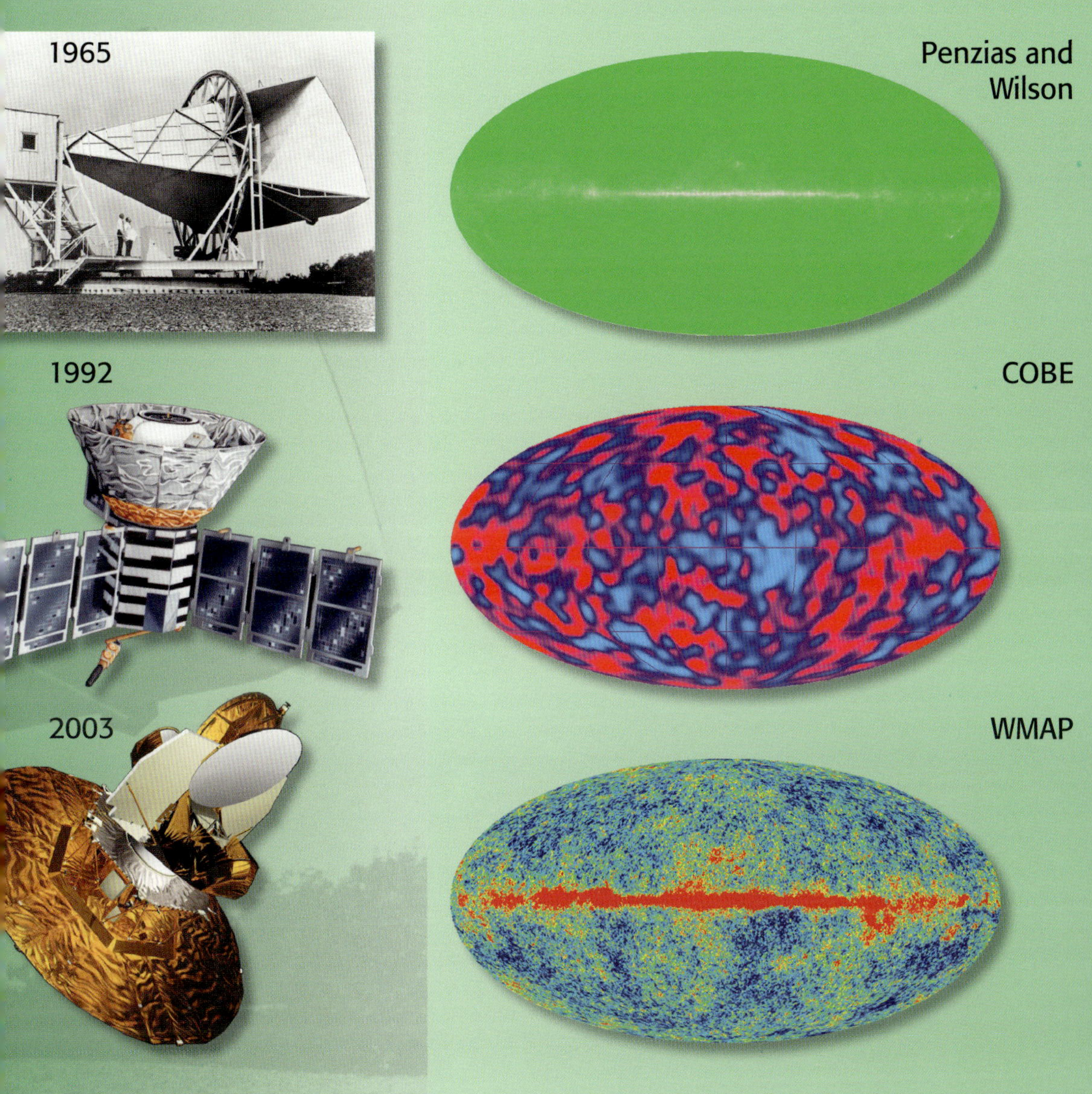

nen, die dem zugrunde liegenden Paradigma widerspricht? (s. Konflikt des Galilei im 17. Jahrhundert in der Auseinandersetzung mit Aristoteles: vollkommene Sonne ohne Flecken, der unwandelbare Sternenhimmel).

Manchmal liegt die Popularität eines Modells in aktuellen gesellschaftlichen Strömungen begründet. Manchmal stirbt ein Modell erst mit seinen Vertretern aus. Wir verfolgen die Entwicklung mit Interesse!

Ein Galaxienhaufen beinhaltet rund

10 000 Galaxien, die jeweils aus

100 Milliarden Sonnen bestehen: Summe aller Sterne ist etwa 10^{25}

10 000 000 000 000 000 000 000 00

Das Hubble-Weltraumteleskop hat uns in einer einzigartigen Aufnahme, dem Hubble Ultra Deep Field HUDF, den hoch strukturierten Kosmos vor Augen geführt. Dabei wurde eine Himmelsregion ausgewählt, die kaum helle Sterne im Vordergrund enthält. Man entschied sich für ein Zielgebiet im Sternbild Chemischer Ofen südwestlich des Orion. Ein sogenannter Schlüssellochblick sollte uns den bislang tiefsten Blick in den Weltraum gewähren. Wir zoomen in den Himmel hinein,

s unsere Augen blind werden vor Sternen –

und erreichen im Bereich des optischen Lichts fernste Galaxien. Es ist das teuerste je gewonnene astronomische Bild und gehört zu den Kulturschätzen der Menschheit. Jedenfalls haben Kunstliebhaber für Bilder des Malers van Gogh mehr bezahlt als der Steuerzahler für diese Hubble-Aufnahme aufwenden musste.

Der abgedeckte Winkelbereich bei diesem HUDF ist sehr klein, etwa so groß wie der Blick durch einen 2 ½ m langen Trinkhalm. Aber es ist das bislang detaillierteste, tiefste Bild, das je vom Kosmos aufgenommen wurde (September 2003 bis Januar 2004). Dieses Mosaik besteht aus rund 800 Einzelaufnahmen.

„Weißt du, wie viele Sternlein stehen …?" Ein Galaxienhaufen besteht typischerweise aus 10 000 Galaxien, die wiederum aus mehr als Hundert Milliarden Sternen bestehen. Gehen wir von 100 000 000 000 Sternen pro Galaxie aus. Nehmen wir weiter an, wir würden non-stop alle Sekunde einen weiteren Stern zählen, so bräuchten wir allein dafür eine Zeit von 3 170 Jahren.

Man sagt, dass das Zählen aller Sterne dem Zählen der Sandkörner an den Stränden der Weltenmeere gleichkommt. Das ist ein Ding der Unmöglichkeit. Deshalb gibt es auch nur grobe Schätzungen von der Gesamtzahl der Sterne. In Summe kommt man auf knapp 10^{25} Sterne im sichtbaren Kosmos.

Man kann die unvorstellbare Zahl auch herunter spielen, indem man die Gegebenheiten im Mikrokosmos heranzieht: Sie ist größenordnungsmäßig so groß wie Loschmidtsche Zahl, nämlich die Anzahl von Molekülen in 1 m^3 Gas unter Normalbedingungen.

onnen im sichtbaren Kosmos ohne Dunkle Komponente, die 96% der Masse des Universums sein soll!

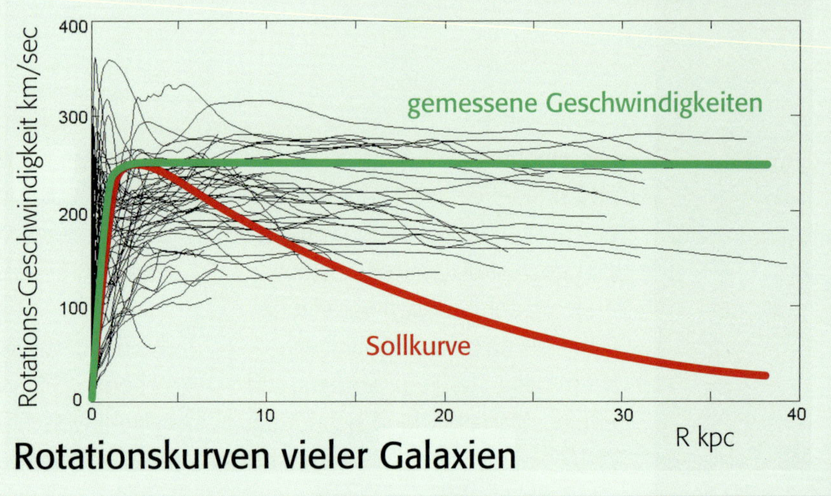

Rotationskurven vieler Galaxien

Wir haben uns bislang ausschließlich um die Kleinigkeit der sichtbaren Materie im Kosmos gekümmert, ohne darzustellen wie klein diese Kleinigkeit ist. Im Standardmodell der Kosmologie brauchen wir folgende Materiekomponenten:

- für die beschleunigte Expansion des Kosmos eine Anti-Gravitationskraft (= Dunkle Energie)

- für den Zusammenhalt von Galaxien und deren Haufen einen „Klebstoff" (= Dunkle Materie)

Aus historischen Gründen wird zwischen (Dunkler) Energie und (Dunkler) Materie unterschieden, was aber nach Albert Einstein für unsere Betrachtung bedeutungsgleich ist. Im Diagramm wird gezeigt, dass die Rotationsgeschwindigkeit von Galaxien nicht mit dem Abstand abnimmt, was man nach Isaak Newton hätte erwarten müssen. Deshalb wird diese Rotation auch starre Rotation genannt, deren äußere Bereiche zusätzlichen Halt durch die Dunkle Materie als Klebstoff brauchen. Diese Komponenten sind im Kuchendiagramm dargestellt und lassen in Summe nur den Rest von 4% „normaler" baryonischer Materie. Der ganze andere Anteil gehört zur Dunklen Komponente, über deren Natur wir heute nur rätseln können. Jedenfalls wechselwirkt sie nicht mit Licht. Damit haben wir heute nach dem Urknall-Modell folgendes Bild vom Kosmos: eine gewaltige, dunkle, unsichtbare Schokoladentorte, deren putzige Sahnehäubchen das einzige sind, was wir direkt beobachten können – falls wir alles Sichtbare beobachtet hätten! Eine ideale Disziplin für Schwarzseher. Das sind die Schlachtfelder, um die es in der Kosmologie heute geht!

Es werde dunke

Sind wir auf der richtigen Spur? Beispiel: Das geozentrische (Ptolo-

„Es ist bemerkenswert, dass all das aus dem Naturbild Geschilderte nur ablaufen konnte, weil es ausreichend starke Fluktuationen der Dunklen Materie gab – eines Stoffes, dessen elementare Bausteine uns nach wie vor unbekannt sind und von dessen Bedeutung vor 30 Jahren nicht einmal die Astronomen eine Ahnung hatten. Und selbst so elementare Aspekte wie die Frage nach der Reihenfolge der Entstehung von Sternen und Galaxien können Galaxienforscher noch heute ganz schön in Verlegenheit bringen."

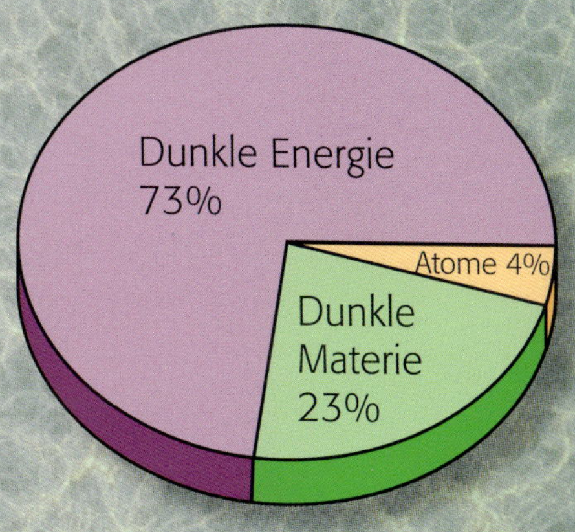

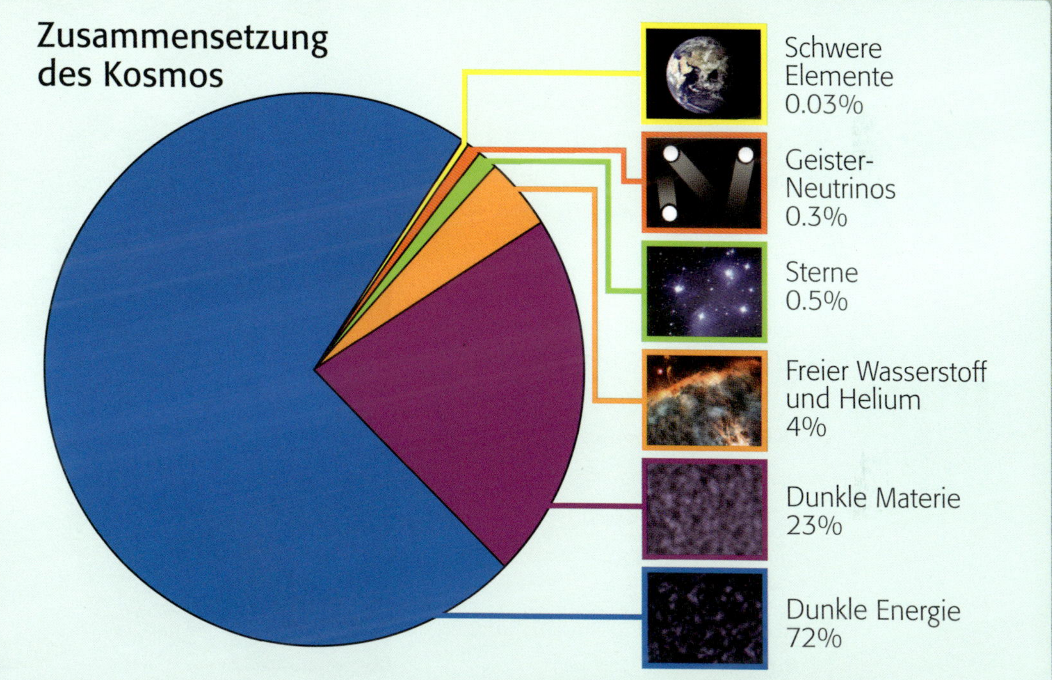

mäische) Weltbild hatte sich auf Grund wissenschaftlicher Argumente 1300 Jahre gehalten, bis sich mit Nikolaus Kopernikus, Johannes Kepler und Galileo Galilei endlich erfolgreich das heliozentrische Weltbild durchsetzte.

Wesentlich im Naturbild ist die Entwicklung aufgrund des Zufalls. Betrachten wir diese Größe ein bisschen näher.

„Die Theorie liefert viel, aber dem Geheimnis des Alten bringt sie uns nicht näher. Jedenfalls bin ich davon überzeugt, dass er nicht würfelt."
Albert Einstein, Nobelpreisträger

Es gibt keinen Zufall, lediglich eine Menge unbestimmter Faktoren, die wir weder beeinflussen können noch wollen.

Zufall ist eigentlich keine naturwissenschaftliche Größe. Er ist eher ein Nicht-Gesetz. Zudem gibt es Vorgänge, die uns als zufällig erscheinen, ohne dass sie es sind. Ich gebe ein Beispiel:

Wir stehen am Straßenrand und beobachten vorbei fahrende Autos:

- die unterschiedlichen Farben: eine ganze Farbpalette
- die unterschiedlichen Geschwindigkeiten bis hin zu gesetzeswidrigen Größen
- unterschiedlich Hubraum-starke Motoren
- die unterschiedlichen Abstände zwischen den Fahrzeugen
- manchmal gibt es Unfälle
  ➔ alles erscheint zufällig

Dennoch kam jede Fahrt durch eine bewusste Entscheidung des Autofahrers zustande, zumindest bei der Auswahl der Farbe hat die Frau beim Kauf ihre Wünsche geäußert, mit der Leistungsstärke der Motoren will der Fahrer etwas ausdrücken etc. Das heißt, dass man aus dem zufällig verlaufenden Geschehen nicht auf seine Planlosigkeit schließen kann.

Planung und Zufall

zeigen sich hier als standpunktmäßige Beschreibung desselben Geschehens. Die Naturgesetze bewirken das Naturgeschehen ebenso wenig wie die Verkehrsregeln den Straßenverkehr.

„Im Draht (des Telegraphen) vollziehen sich physische Prozesse. Aber wäre es nicht töricht, den Inhalt des Telegramms für eine Funktion der Elektronen zu halten?

Ebenso ist es mit dem Gehirn und den Gedanken. Der Geist nimmt sich das Gehirn als Werkzeug, aber der Geist ist nicht das Produkt seines Werkzeugs."

Robert von Mayer, Entdecker des Energieerhaltungssatzes

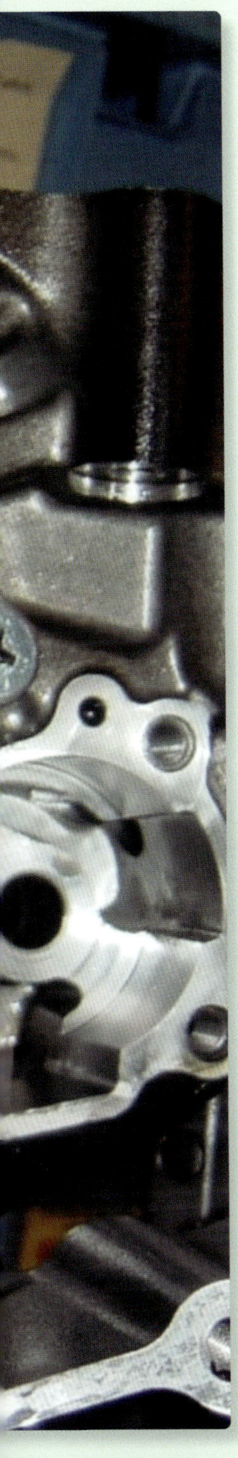

Darf Planung beim Universum überhaupt vorkommen? In Teil 1 haben wir das Zusammenspiel von Weltbild und Naturbild bereits angesprochen. Da im Naturbild Planung als Eingriff von außen ausgeschlossen wird, können die ersten Ursachen unseres Kosmos im Falle einer Schöpfung nicht vollständig erfasst werden. Dergleichen Spuren können im Naturbild allenfalls als „Schatten" oder „Kontur" wahrgenommen werden. Dessen ungeachtet waren die Naturwissenschaften im Beschreiben der Vorgänge im (sichtbaren) Kosmos beispiellos erfolgreich.

Hier ein banal klingendes Beispiel mit weitreichenden Konsequenzen, um das „Verfügungswissen" der Naturwissenschaft gegen ein „Orientierungswissen" im Weltbild abzuheben: Nehmen wir des Mannes liebstes Spielzeug, seinen Benz. Ein aus einer entlegenen Gegend unserer Erde stammender Zeitgenosse sieht erstmals ein solches Auto. Er mag sich daran erfreuen, dass sich so ein Teil so bequem und nahezu geräuschlos bewegt. Er könnte auf die Idee kommen, dass sein Erfinder (Carl Benz) ihm wohl gesonnen zu sein scheint. Er mag ihn unter der Motorhaube vermuten. Mit diesem Bild mag er zufrieden sein, solange sein Auto fährt. Bei einem Ausfall könnte er auf die Missgunst von Carl Benz schließen, aber die meisten Autofahrer öffnen dagegen in solchen Situationen die Motorhaube. Der Fahrer kann im Ernstfall den Motor bis hin zu Einzelteilen zerlegen, er wird nicht auf Carl Benz stoßen. Er kann darüber hinaus alle thermodynamischen Prozesse eines Motors studieren, und er wird auch da

keine Spur von Carl Benz

finden. Am Ende könnte er daraus schließen, dass dieses Auto überhaupt keinen Carl Benz bräuchte. Er könnte daraus schließen, dass sein Verständnis von Verbrennungsprozessen, Elektronik und Mechanismen für sein Auto völlig genüge. Und dennoch ist sein Auto ohne Carl Benz nicht zu denken. Es wäre sicher der falsche Schluss, dass sein Verständnis es ihm unmöglich machen würde, Carl Benz überhaupt zu denken. Hätte es nie einen Carl Benz für die Entwürfe all der Mechanismen eines Motors gegeben, so gäbe es dort für ihn heute nichts zu verstehen. Mit anderen Worten: Wir dürfen die Mechanismen unseres Kosmos nicht mit seinen Ursachen verwechseln! Ein Weltbild, das dem nicht Rechnung trägt, ist unvollständig und ausgedünnt.

Die moderne Gehirnforschung hat mit ihren high-tech-Maschinen phantastische Einblicke in Gehirnfunktionen möglich gemacht. Aber das bisher Erreichte ist meilenweit davon entfernt, z. B. die Entstehung des Geistes oder des Bewusstseins des Menschen zu erklären. Dies ist mit Sicherheit eine noch schwierigere Aufgabe als es die Biologie mit der Klärung der Lebensentstehung hat.

Die faszinierenden Bilder vom Gehirn geben zunächst nur Auskunft, wo Denken, Wollen und Fühlen stattfinden, nicht aber, wie Denken, Wollen und Fühlen zustande kommen und erst recht nicht, was die Inhalte dieses Denkens, Wollens und Fühlens sind. Wer nur die neuronalen Erregungsmuster betrachtet, sieht keineswegs dem Menschen beim Denken, Wollen und Fühlen zu. Die verschiedenen Farbmarkierungen der betroffenen Gehirnzonen beim Musikhören oder bei einer Bildbetrachtung lassen weder Musik erklingen noch ein reales Bild vor unseren Augen entstehen.

Zudem wird unser Gehirn durch seine Benutzung sozusagen selbst programmiert. Wir Menschen müssen selbst entscheiden, wofür wir es benutzen wollen. Der Mensch ist das, was er ist, nicht allein durch seine Natur, sondern auch durch seine Kultur. Die Chemie und Physik des Gehirns mag darstellbar sein. Aber

niemand weiß, wie es zu Ich-Erfahrung kommt,

zum Bewusstsein und zur freien Willensentscheidung.

Der Neurologe erfasst am Gehirn nur, was messbar und experimentell verifizierbar ist. Damit kann sicher nicht seine Gefühlswelt, sein Wille, die Liebe und der Glaube des Menschen dingfest gemacht werden. Das Gehirn ist möglicherweise der falsche logische Ort für diese Suche. Man wird durch chemische Analyse der Farben eines Gemäldes nie seine Schönheit erschließen.

Wir wollen nachstehende Punkte in Bezug auf die Herkunft der anorganischen Welt näher erläutern. Wunder stehen dabei nicht im Gegensatz zur Natur, sondern nur zu dem, was wir von der Natur wissen.

- „Physik vor dem Wunder";
  Wunder als „Unstetigkeit" im Naturgeschehen
- Erkenntnishorizonte durch Umbrüche;
  Bedeutung von asah/bara
- Gibt es etwas jenseits der Schöpfungstage (außer dem Schöpfer ☺)?

➔ Plädoyer für „Schöpfungs-Denkkorridor"

Es ist leichter, eine Aussage zu negieren als sie zu begründen. Es geht nicht um die Frage, ob Atheismus oder Theismus stupider ist. Unser Intellekt sollte uns helfen, unsere Überzeugungen unabhängig von seiner persönlichen Prägung unaufgeregt zu kommunizieren. Leider kommt noch hinzu, dass das Leugnen eines Himmels als Zeichen besserer Bildung verstanden wird. Eigentlich sollte der Disput zwischen Naturwissenschaft und Theologie im Geiste gegenseitiger Achtung zu führen sein.

Die Naturwissenschaft ist keine Entzauberung der Schöpfung,

sondern vielmehr eine Vertiefung ihres Geheimnisses. Heute ist leider durch eine einseitige Ausrichtung des Mainstream – um es plakativ zu sagen – das Interesse an Affen größer als an Gott. Dass der Mensch besser denken und der Affe dafür besser klettern könne, ist eine dieser bedenklichen Nivellierungen.

Wir haben Gott so weit reduziert, dass er nur noch als Anklageposition nach Katastrophen vorkommt. Es ist nicht nur einseitig, sondern falsch, zu behaupten, nur die Naturwissenschaft könne uns sagen, was wahr ist und somit Wissen mehren. Sie kann uns z. B. nicht sagen, ob ein Gemälde nur eine Verteilung von Farbklecksen ist oder Kunst oder was eine Beethoven-Sinfonie so unverwechselbar zeitlos macht.

„Was Gläubige und Atheisten trennt ist die gegensätzliche Weltanschauung, nicht die Naturwissenschaft. Es sind Inhalte des Weltbildes, nicht die des Naturbildes."

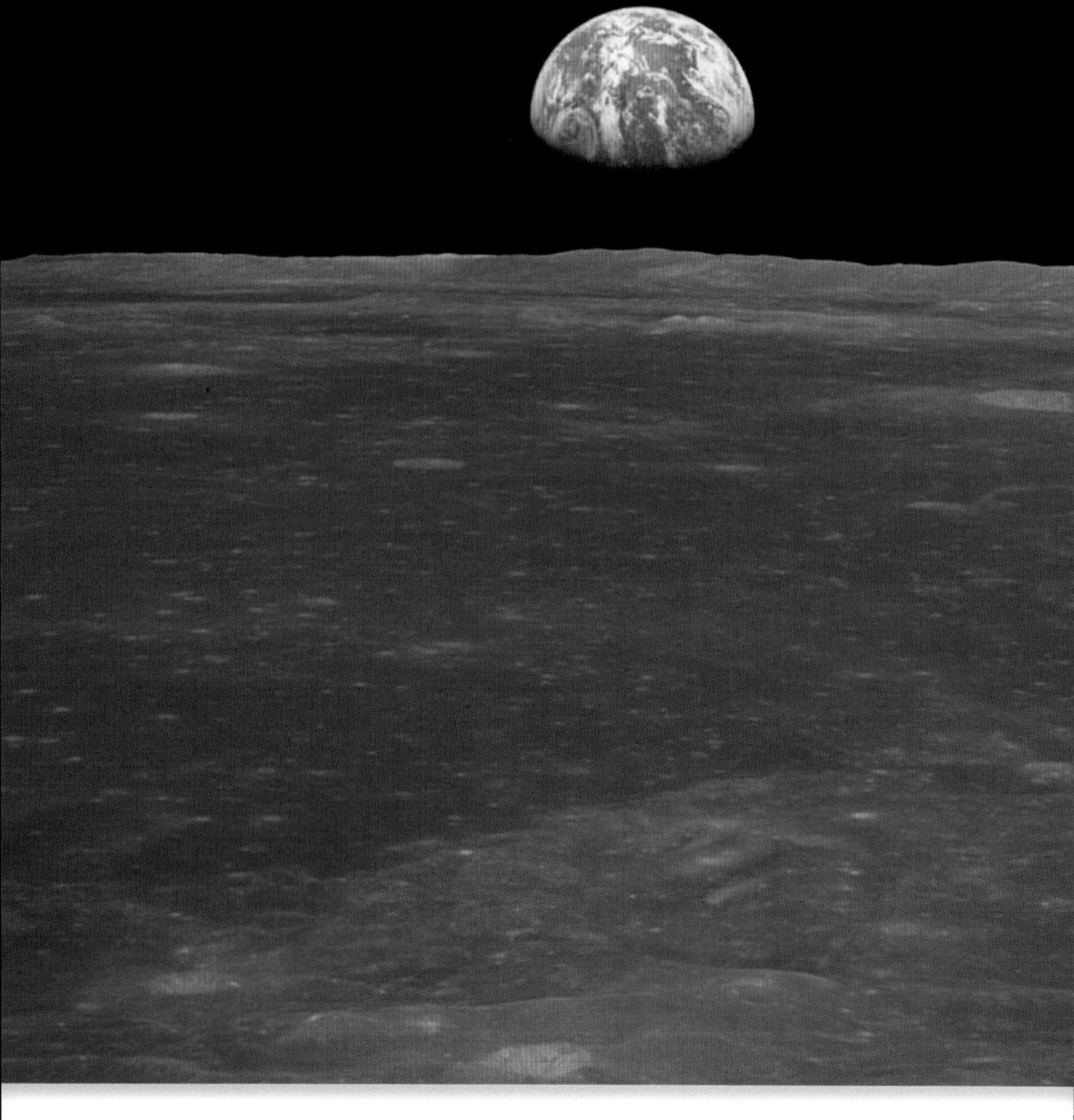

„Wir wollten den Mond erkunden und entdeckten die Erde."
E. Mitchell, Astronaut

Hier geht die Erde auf.

Die Fußspuren auf dem Mond sind nicht nur auf den Entdeckungsbedarf einer etwas abgedrängten Nation zurückzuführen; es ging nach den sowjetischen Erfolgen auch um die Seelenhygiene Amerikas.

Die Crew von Apollo 8 ist auf dem Weg zum Mond. Erstmals wird der Erdaufgang über dem Mondhorizont fotografiert. Die Entstehung dieses Bildes war reiner Zufall und im ursprünglichen Flugplan nicht vorgesehen. Während der vorhergehenden Mondumkreisungen hatte Kommandant Frank Borman das Apollo-Raumschiff stets mit der Spitze zur Mondoberfläche ausgerichtet, um Fotos der Oberfläche für spätere Landungen zu machen. Kurz bevor das Raumschiff hinter dem Mond hervorkam und wieder Funkkontakt zur Erde erlangte, richtete er das Raumschiff mit der Spitze in Flugrichtung aus, weil Pilot James Lovell eine Positionsbestimmung vornehmen wollte. Für die Ausrichtung des Raumfahrzeuges nutzte Borman den Mondhorizont als Referenz, als er plötzlich die Erde erblickte: „Oh, my God! Look at that picture over there! Here's the Earth coming up. Wow, is that pretty!" („Oh mein Gott! Seht euch dieses Bild da an! Wow, ist das schön!") Als Borman nach der Kamera griff, um den Anblick festzuhalten, witzelte Bill Anders: "Hey, don't take that, it's not scheduled." („Hey, nicht fotografieren. Das ist nicht vorgesehen.")

Das Phänomen eines Erdaufgangs über dem Mondhorizont ist nur aus einem Raumschiff in der Mondumlaufbahn zu beobachten. Da der Mond der Erde aufgrund der gebundenen Rotation stets die gleiche Seite zuwendet, würde die Erde für einen Betrachter auf der Mondoberfläche, abgesehen von Librationsbewegungen, stets am gleichen Punkt am Himmel stehen.

Der Naturfotograf Galen Rowell bezeichnete das Bild als die „einflussreichste Umweltfotografie, die jemals gemacht wurde". Im Jahre 1969 wurde das Foto vom US Postal Service als Motiv für eine Briefmarke gewählt, als Bildunterschrift wurden die ersten vier Worte der englischen Übersetzung des biblischen Schöpfungsberichtes „In the beginning God…" verwendet.

In früheren Jahrhunderten hatten selbst die bedeutendsten Naturwissenschaftler kein Problem, göttliches Wirken und Naturgesetze miteinander zu verknüpfen. Teilweise war die Verbindung zu Gott Motivation für ihre Forschung. Erst in der 2. Hälfte des 20. Jahrhunderts hielten immer mehr Astrophysiker Gott für eine überflüssige Verkomplizierung.
Aber seit einigen Jahren kommt es zu einer Art Renaissance. Woran mag das liegen? Viele Naturwissenschaftler sind sich – ob gläubig oder nicht – der Grenzen der Naturwissenschaft bewusst. So wird immer wieder die Erfahrung gemacht, dass die Lösung eines Problems eine Vielzahl neuer Fragen aufwirft und die Erkenntnis bezüglich der Komplexität des Kosmos zunimmt. So will z. B. „News Week" in der Hintergrundstrahlung die „Handschrift Gottes" entdeckt haben. Der Astrophysiker Paul Davies schreibt das Buch

„Der Plan Gottes",

Frank Tipler, seines Zeichens Physiker und Mathematiker, ein Buch über die „Physik der Unsterblichkeit", wobei er die Theologie kurzerhand als Teilgebiet der Physik bezeichnet. Allerdings gibt es hier auch Spuren, die weit hergeholt sind oder in den Wald führen, denn wie sollte man Gott physikalisch beschreiben wollen?! – Aber immerhin.

Wenn sich Gott aber nicht physikalisch beweisen lässt, noch als Erklärung für naturwissenschaftliche Lücken dienen soll, wie begründet dann ein Astrophysiker seinen Glauben?

Die Naturwissenschaft hat interessante Methoden entwickelt, mit denen sie äußerst erfolgreich einen Teil der Wirklichkeit beschreiben kann. Daher kommt die Naturwissenschaft auch nur zu bestimmten Antworten. Antworten auf Fragen, wie Geist und Materie zusammenhängen oder warum die Naturgesetze so sind und nicht anders, Fragen nach unglaublichen Feinabstimmungen etc. sind so nicht beantwortbar. Der Glaubende bezieht zusätzlich persönliche Erfahrungen mit ein, die eine Art Erkenntnis ist, die sich aber der naturwissenschaftlichen Methode entzieht. Die so gewonnenen Antworten können aber jene aus dem Naturbild ergänzen.

Allan Sandage war als junger Mann praktizierender Atheist. Nun beschäftigte er sich ein halbes Jahrhundert mit dem Alter der Sterne und wurde zu einem Großen seiner Zunft. Im Alter von 72 Jahren legt er überraschend eine Art Glaubensbekenntnis ab: „Die Erforschung des Universums hat mir gezeigt, dass die Existenz von Materie ein Wunder ist, das sich nur übernatürlich erklären lässt."

Arnold Benz, Prof. für Astrophysik an der Eidgenössischen Hochschule in Zürich, bekennt: „Für mein astrophysikalisches Handwerk brauche ich die tiefere Einsicht durch den Glauben zwar nicht, wohl aber für meine Motivation und für meine Faszination – schließlich bin ich Mensch."

Ein Wanderer kommt in einer Stadt an einer großen Baustelle vorbei. Ein Arbeiter wischt sich gerade den Schweiß von der Stirn, als er ihn fragte, was er tue: Ich klopfe Steine. Siehst du das nicht?! Ein anderer war ähnlich wortkarg, der ihm erklärte, dass er an einem Spitzbogen arbeite. Etwas gesprächiger gab sich ein dritter Arbeiter, der ebenfalls bei der Hitze sich den Schweiß abwischen musste und stolz sagte: „Ich arbeite an einer Kathedrale!"

Es ist nicht möglich, das kausale Netzwerk der Natur so aufzuknüpfen, dass man sagen kann, Gott tat dies, die Mikroevolution jenes. Aber Naturwissenschaftler sind sich bewusst, mit der Weltraumerkundung ein großartiges Projekt in Gang gebracht zu haben.

Ist die Mathematik das Alphabet, die Sprache, mit deren Hilfe Gott das Universum geschaffen hat? Mathematik, eine Sprache mit Erinnerung an die Anfänge? Warum passt die Mathematik so gut zur Beschreibung der Natur? Sind Mathematik und Religion nur verschiedene Ausdrucksformen göttlicher Vollkommenheit? Ist Mathematik ein Schlüsselloch in die Geheimniskammer des Anfangs? Das kann sicher kein Zufall sein. Wie genau das Verhältnis von Religion und Mathematik als Sprache der Schöpfung ist, weiß ich nicht; aber Einstein auch nicht ☺. Ich neige dazu zu sagen, dass ihre Vollständigkeit (manche würden von Schönheit der Mathematik reden) den Verdacht jener Ursprünglichkeit nahelegt. Andere, die andere Erfahrungen mit Mathe machten, sehen das anders!

Das Buch der Natur ist mit mathematischen Symbolen geschrieben.

- **Woher kommen die Voraussetzungen für Hypothesen im Naturbild?**

- **Im Weltbild: Woher kommen die Naturgesetze? War Materie vor ihnen da? – Was soll Materie ohne Gesetze? Waren sie vor der Materie da? – War Gott ihr Urheber?**

- **Woher kommt die Korrektheit der mathematischen Sprache? Wer hat sie etabliert, nachdem wir sie nur freigelegt haben?**

- **Woher kommt die Schönheit in allen Bereichen der Größenskala?**

„Die ungeheure Nützlichkeit der Mathematik in den Naturwissenschaften grenzt ans Mysteriöse."
Eugene Wigner, Nobelpreisträger für Physik

„Die Mathematik ist wie die Gottseligkeit zu allen Dingen nütze, aber wie diese nicht jedermanns Sache."
Jakob Kraus, Philosoph

„Die Astronomie führt uns zu einem einzigartigen Ereignis, einem Universum, das aus dem Nichts erschaffen wurde, eines mit dem sehr feinen Gleichgewicht, welches genau die notwendigen Bedingungen lieferte, um das Leben auf der Erde zu ermöglichen, und [ein Universum], welches einen grundlegenden (man könnte sagen „übernatürlichen") Plan aufzuweisen hat. Daher scheinen die Beobachtungen der modernen Wissenschaft zur selben Schlussfolgerung zu führen wie Jahrhunderte alte Intuition."
Arno Penzias, Nobelpreisträger für Physik

„Das Universum, das wir beobachten, hat genau die Eigenschaften, mit denen man rechnet, wenn dahinter kein Plan, keine Absicht, kein Gut oder Böse steht, nichts außer blinder, erbarmungsloser Gleichgültigkeit."
Richard Dawkins, Biologe

Wie kommt ein Biologe zu solchen Aussagen über das Universum? Ein grelles Sprachbild. Etwas intolerant, etwas dogmatisch und auf Krawall gebürstet. Für so eine Aussage muss das Gehirn wirklich nicht anspringen.

„Die moderne Physik führt uns notwendigerweise zu Gott hin, nicht von ihm fort. Keiner der Erfinder des Atheismus war Naturwissenschaftler. Alle waren sie sehr mittelmäßige Philosophen."
Arthur Stanley Eddington, Astrophysiker

Ein auf Argumente für Gottes Existenz gestütztes Leben kann einen Glauben an ihn alleine nie begründen. Dazu braucht es (existenzielle) Erfahrungen. Argumente sind „nur" ein möglicher Zugang. Argumente und Erfahrungen können aber Brücken sein.

Die Bibel macht den Glauben an geschichtlichen und existenziellen Erfahrungen fest.

Suche nach Sinn bringt uns auf den Weg,

wobei sicher Hunger nicht die Existenz von Brot beweist. Aber man kann fragen: Warum haben wir Hunger, wenn es keine Sättigung geben sollte? Woher kommt unser unbändiger Hunger nach Gerechtigkeit, Frieden, Liebe? Woher kommt Bewusstsein? Kann dies wirklich alles auf Neuronenverknüpfungen zurückgeführt werden? Ist es je beobachtet worden, dass Information von alleine entsteht?

Wie soll ein aus der Evolution hervorgegangenes Wesen eine Frage überhaupt stellen können, die über diesen Rahmen der Evolution hinausgeht?

Es macht die Eigenheiten Gottes aus, nicht wie ein endliches Faktum durch ein anderes erklärt zu werden. Naturwissenschaft verbleibt bei den Dingen dieser Welt. Die Naturwissenschaft kann, wenn sie radikal fragt, maximal den Grenzgedanken eines tragenden Grunds berühren, ihn aber nie begründen. Wir suchen nach größtmöglicher Nähe von Theologie und Naturwissenschaft.

„Entweder verdankt die menschliche Intelligenz ihre Entstehung letztlich geist- und zweckloser Materie, oder es gibt einen Schöpfer.
Es ist seltsam, dass einige Menschen behaupten, ihre Intelligenz führe sie dahin, die erste der zweiten Möglichkeiten vorzuziehen."
John Lennox, Mathematiker

Naturwissenschaft ist verpflichtet, aus ihrer Disziplin keine Religion zu machen, während die Theologie Gott nicht als Lückenbüßer einsetzen soll, der er nicht ist. Naturwissenschaft fragt: Was können wir wissen? Aufgabe der Theologie ist: Wie kann (naturwissenschaftlich) Erkanntes mit Aussagen der Bibel zusammengebracht werden, ohne die Dinge zusammenzubiegen, sodass gelingendes menschliches Leben daraus wird?

Wie gehen wir mit dem Mysterium der Schöpfung um? Was dürfen wir hoffen? Es geht um die Summe unserer Beziehungen im Verhältnis zu dem transzendenten Woher und Wohin unserer Seele.

Bislang sind wir Gedanken zum Anfang der Welt im Kontext des naturwissenschaftlichen Rahmens nachgegangen. Wir haben kurz dargestellt, wie sich eine Antwort zu unserem Thema aus dem Naturbild heraus entwickelt und sind dabei im Grenzgebiet zur Theologie angekommen. Nun wollen wir uns auf den Weg machen, um eine umfassende Antwort aus dem Weltbild herzuleiten. Es geht um eine Projektion des Naturbildes in das Weltbild. Dazu bedarf es einer kurzen Vorbemerkung, insbesondere, weil im Weltbild ein Eingriff von außen nicht ausgeschlossen wird:

Es ist nicht der Beliebigkeit unterworfen, dass ich den Genesis-Bericht referenziere. Das war für mich lange Zeit alles andere als selbstverständlich. Ich musste sozusagen dem Tod wiederholt in die Augen schauen und musste durch manche existenzielle Krise, bis mir folgendes klar war: Du hast dein Leben als Geschenk. Am Ende wirst du nicht einfach eingesargt, sondern du stehst vor dem großen Geheimnis einer Metamorphose. Wer würde ohne entsprechende Vorkenntnis dem Kokon einer Raupe die freie, nicht mehr an die Erdschwere gebundene, lichtvolle Existenz eines Schmetterlings zutrauen? Danach hast du dein Leben vor dem zu verantworten, der es dir geschenkt hat. Mich haben dabei die Berichte über das Leben Jesu so

angesprochen, dass ich mich auf ihn einließ. Es gibt keinen Menschen, der ohne spirituelle Prämissen denken kann. Dies ermöglicht konkret das, wonach heute angesichts der Orientierungslosigkeit, Sinnkrise und Gewaltbereitschaft von allen Seiten gerufen wird: eine neue Grundorientierung, einen neuen Sinnhorizont und ein Leben mit Perspektive über den Tod hinaus. Von Gott Erlöste führt Sterben ins Licht, von einem der Vergänglichkeit ausgesetzten Planeten in Gottes Ewigkeit.

Das ist für mich die kürzeste Form meiner langwierigen Spurensuche als Mensch und Astrophysiker. Das bisher Diskutierte ist dabei mein Hintergrund, warum ich den Genesisbericht als übergeordneten Rahmenbericht in Sachen Anfang der Welt akzeptieren kann und wertvoll finde. Er ist für mich zwar kein Laborbericht der Weltentstehung, aber er ist auch nicht einfach Prosa. Mit den Worten:

„Es werde Licht“

kontrastiert er symbolträchtig das Schöpfungsgeschehen gegenüber dem zuvor Beschriebenen im Naturbild. Danach geht das Wort (Intelligenz und Information) der Energie und Materie als geschaffenen Kategorien voraus. Information ist primär, Materie sekundär. Ähnlich wie das Weltbild das Naturbild umfasst, so möchte ich in meinem Lebensentwurf beide Aspekte zusammenführen. Es war letztlich der Grund, weshalb ich durch das Studium der Kernphysik (Mikrokosmos) und später der Astrophysik (Makrokosmos) sehen wollte, was (im Naturbild) „die Welt zusammenhält“. Aber erst die übergeordnete Sichtweise brachte meine Spurensuche auf eine befriedigende Zielgerade.

Sicher weiß ich auch von anderen alten Berichten und Mythen über mögliche Anfänge, die interessant klingen, aber die z. B. Sonne und Gestirne als Götter haben. Dieser Gedanke befremdet mich als Astrophysiker und ließ mich Abstand nehmen. Im Genesisbericht sind sie dagegen nicht Götter, sondern Geschöpfe. Das schafft zusätzliches Vertrauen.

Was ich damit sage, hat keinerlei Beweiskraft, sondern ist ein Bekenntnis meines Herzens. Es ist die Beschreibung eines teils schmerzlichen aber lohnenden Weges. Ich kann nur wünschen, dass meine Leser dieser Spur folgen.

Wir wollen die Frage nach dem Anfang der Welt anhand der Frage nach deren Alter aufrollen.

Grundsätzliches als Voraussetzung. In den Naturwissenschaften werden unter anderem deshalb nachweislich zuverlässige Ergebnisse produziert, weil es rund um den Globus mindestens Hundert Schreibtische gibt, welche die Ergebnisse von meinem Schreibtisch widerlegen wollen. Ganz zu schweigen von Peer Reviews, die über der Ausrichtung von sämtlichen wissenschaftlichen Veröffentlichungen wachen.

Relativierungen. Ausnahmen davon sind:

- ein paar Schwarze Schafe, die es überall gibt
- Mittel, die nicht jeder in gleichem Maß zur Verfügung hat
- Einrichtungen, an die nicht jeder herankommt
- grenzwissenschaftliche Fragestellungen, wie Kosmologie
- Steuerung bestimmter Ausrichtungen, wenn es in den ideologischen Grenzbereich hineingeht

Aspekte der Genesis. Auch wenn sie kein Laborbuch der Weltentstehung ist, lässt sie keinen Zweifel daran, dass Gott der Urheber alles Seins ist. Das Alter der Welt wird nirgendwo direkt erwähnt, offensichtlich, weil es nicht so wichtig ist. Einige unserer Zeitgenossen wollen das genauer wissen. Allerdings geht die Spanne von 6 000 Jahren bis unbestimmbar.
Fest steht: Wenn Gott geschaffen hat, dann hat die Naturwissenschaft mit ihren

entwicklungsbasierte

nichts Zuverlässiges zum Alter der Welt zu sagen (wie alt hätten wir Adam einen Tag nach seiner Erschaffung eingeschätzt?/Hatte Adam einen Nabel?/Hatte der Baum der Erkenntnis Ringe? – Ich hätte jedenfalls den Baum lieber gefällt als von seiner Frucht genommen ☺).

➔ Wenn wir Schöpfung zulassen, werden wir hier mit unseren naturwissenschaftlichen Methoden in Altersfragen unter Umständen getäuscht.

➔ Wenn von Schöpfung ausgegangen wird, dann müsste ein buntes Nebeneinander von alt und jung erscheinenden Phänomenen erwartet werden; genau das finden wir vor. Dann müssen wir uns fragen, wie wir mit Erkenntnisgrenzen durch unterschiedliche Umbrüche umgehen: Sündenfall/Tod (hier wurde nicht nur gestorben; dieser Vorgang hatte kosmische Implikationen), Sintflut, wie war die Physik der Schöpfung? Können wir uns eine Physik mit einer gegen Null gehenden Entropie überhaupt vorstellen?

„Alles, was mit Schöpfung zu tun hat, reicht weit über unsere Laborweisheit hinaus. Es berührt Fragen des Geistes, der Ethik und des Glaubens."

Pailer Oktober 2008

Wir suchen nicht nach Antworten unserer Logik, sondern wollen den Wortsinn der Überlieferung erfassen und mit unserem Kenntnisstand zusammenbringen. Da muss z. B. über Folgendes nachgedacht werden:

- Was machen wir mit den langen Lichtlaufzeiten, mit den hohen Altern radiometrischer Altersbestimmungsmethoden?
- Was machen wir mit den fast 150 großen Einschlagsstrukturen in der Frühzeit unseres Planeten, die jeweils globale Katastrophen waren? Der Ursprung des Wassers unseres Wasserplaneten soll per Kollision mit Kometen oder Asteroiden auf die Erde gekommen sein.
- Was sind „echte" Täuschungen durch Schöpfung, was geht darüber hinaus? Eine Verletzung des Prinzips der (echten) Täuschung der Naturwissenschaft durch Schöpfung wäre z. B., wenn Adam Stories aus seiner Kindheit erzählt hätte, die es gar nicht gab. In diese Kategorie fallen auch Supernovae ferner Sterne, die nach Meinung einiger geschätzter Zeitgenossen mit dem Lichtstrahl bereits bei der Erschaffung auf den Weg gebracht wurden, was natürlich anfechtbar ist wie Adams Jugend-Stories.
- Sprachliches. Zu Genesis 1, 1: Im (wörtlich und physikalisch korrekt heißt es so) Anfang schuf Gott Himmel und Erde. Zum einzigen Mal kommt hier das hebräische *Wort „bara" für göttliches Schaffen* im Zusammenhang mit der anorganischen Schöpfung vor. Das kann – um den Unterschied zu „asah", was auch Schaffen heißt, auszudrücken – meinen, dass der Schreiner das Bett macht (bara) aus Holz, das es zuvor nicht gab, während die Hausfrau auch das Bett macht (asah), indem sie das Bettwerk aufschüttelt und glatt streicht. Dies gilt als Regel, zu der es – wie üblich – auch Ausnahmen gibt.

Ich möchte daraus im Konjunktiv fragend folgern, ob es sein könnte, dass wir es mit einer Urschöpfung (Rohbau des Kosmos) zu tun haben, die im V.1 zusammenfassend geschildert wird und mit einer Ausgestaltung der Biosphäre (der vorhandenen Erde) in der Schöpfungswoche endet (s. auch 2. Petrus 2, 5+6)? Wenn dies V. 1 nicht ausdrückt, wo soll dann die Schaffung der Erde beschrieben worden sein?

Aus der Formulierung in Genesis 1, 2 „ ... die Erde ward (Luther übersetzt „war") wüst und leer, gibt es die Auslegungsvariante, dass diese Urschöpfung auch schon belebt war. So weit möchte ich wegen diesem einzigen Hinweis allerdings nicht gehen. Für mich wäre bei so weit reichenden Schlüssen mindestens ein weiterer Hinweis wichtig. Diesen gibt es nicht. – Aber die Erde gab es bereits, in welchem genauen Zustand auch immer!

Wenn die Sonne am Tag 4 geschaffen worden wäre (es steht im Hebräischen allerdings nur das schwache Wort „asah" da) oder nur sichtbar geworden wäre, so hätte ein irdischer Beobachter dies nicht unterscheiden können. Könnte es deshalb nicht sein, dass diese Objekte nur sichtbar wurden, zumal wir ja schon Tag 4 haben und es zuvor schon Licht gab. Oder war dies ein anderes Licht? Hat der Schöpfungstag im Laufe der Schöpfungswoche eine Uminterpretation erfahren? Von der Beschreibung her unterscheiden sich Beginn, Ende (und Dauer) der Schöpfungstage allerdings in keiner Weise. Wenn es heißen würde: Am Anfang schuf Gott Himmel und Erde und ein vorläufiges Licht für die folgenden drei Tage, dann müssten wir anders argumentieren. Aber das steht gerade nicht da. Deshalb schließe ich vorsichtig, dass das Arrangieren von Sonne, Galaxien, Sternen am Tag 4 um die Erde herum nicht nur schwierig ist, sondern es wird vom Text möglicherweise nicht gefordert. Allerdings würde ein Sichtbarwerden im Hebräischen anders ausgedrückt. Die Verhältnisse sind nicht so klar wie Kloßbrühe. Weiterhin gilt es zu bedenken, dass es nach unseren Modellen typischerweise 1 Million Jahre braucht, bis nach der Zündung der Kernfusion im Sterninnern es zum ersten Lichtaustritt kommt. Allerdings wird in den Zehn Geboten die Sabbat-Heiligung mit den Worten begründet, dass Gott Himmel und Erde in sechs Tagen geschaffen hat!

Der Genesis-Bericht lässt keine Punktlandung zu in dem Sinne, dass wir exakt sagen könnten, wie nacheinander die Schritte abliefen. Nicht was wir Gott zutrauen steht im Vordergrund, sondern was der Text sagt. Dies führt uns zu einem Schöpfungsdeutungsrahmen, einem Gedankenkorridor, mit mehreren Deutungsmöglichkeiten, die dem Wortsinn der Überlieferung nicht widersprechen, die aber allerdings zu unterschiedlichen Abfolgen und Konsequenzen kommen. Die traditionelle Auslegung einerseits und das soeben Erklärte bilden die beiden

Leitplanken des Gedankenkorridors.

In diesem Sinne bin ich weniger der klassischen Auslegung verpflichtet als vielmehr der Frage: Was gibt der Bericht inhaltlich her? Wie sollen sich die Unterschiede exakt fassen lassen, wenn ein für den hebräisch denkenden Leser verfasster Text von einem europäischen Zeitgenossen im 21. Jahrhundert gelesen wird? Natürlich grase ich mit meinen Aussagen hoffnungslos über den Zaun der Zuständigkeit eines Astrophysikers; aber seit der Zeit des allgemeinen Priestertums dürfen wir die Erkenntnissuche nicht ausschließlich an die Herren Theologen delegieren. Gerne bekenne ich, dass ich oft eine große Kluft empfinde zwischen der emotionalen Wucht des Themas Schöpfung und dem Erbsenzählen unserer Abhandlungen. Grundsätzlich gilt deshalb für mich der Mut, Dinge offen zu lassen, die nicht zu klären sind. Das ist für mich Ausdruck einer gewissen Demutshaltung, die wir uns zu eigen machen sollten aus Respekt vor dem Großen der Schöpfung. Folgende Aspekte sind für mich unmissverständlicher Teil des Genesis-Berichts in Bezug auf den Ursprung der anorganischen Welt:

- Gott gibt sich als Schöpfer zu erkennen. Er ist als der Ewige vor

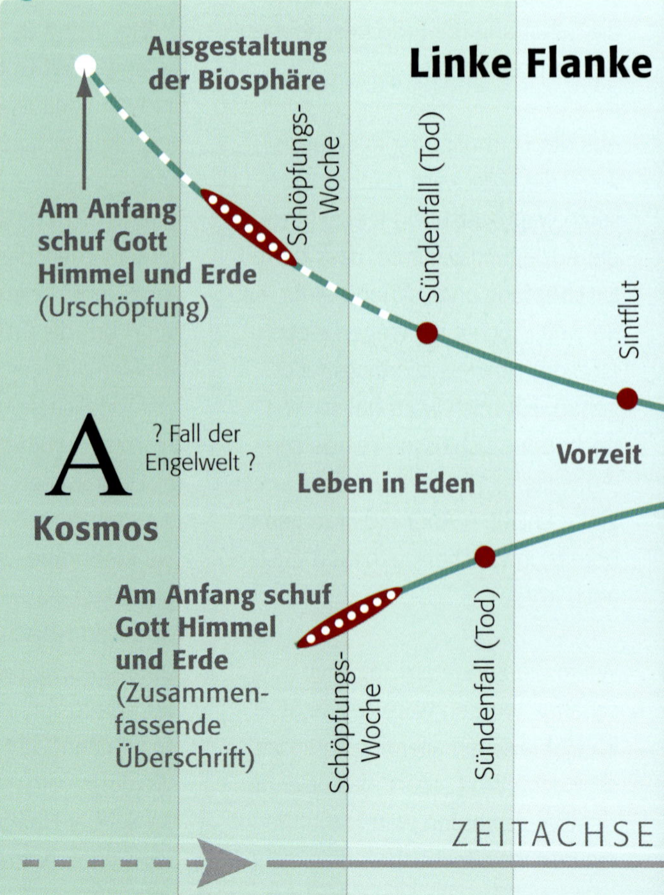

der (sichtbaren) Schöpfung da und initiiert sie.

- Schöpfungstage werden getrennt durch die Spanne zwischen Abend und Morgen; deshalb ist es nahe liegend, dass der Schöpfungstag die Spanne zwischen Sonnenauf- und untergang meint – wie lange diese auch immer war. Jedenfalls lese ich nichts von 24 Stunden oder Tausenden von Jahren.

Folgende Aspekte sind für mich mögliche Varianten, die dem Wortsinn der Überlieferung nicht widersprechen, aber von einer klassischen Interpretation abweichen:

- möglicherweise werden in V. 1 mit den Worten „Am / im Anfang schuf Gott Himmel und Erde" die Schaffung kosmischer „Grundtypen" angedeutet, sodass wir dort den Ursprung des kosmischen Rohbaus haben könnten. Es gibt auch die Auslegung, dass dies nur eine zusammenfassende Überschrift ist, was aber wegen der einmaligen Verwendung von „bara" im Zusammenhang mit der Schaffung der unbelebten Welt alles andere als zwingend ist.

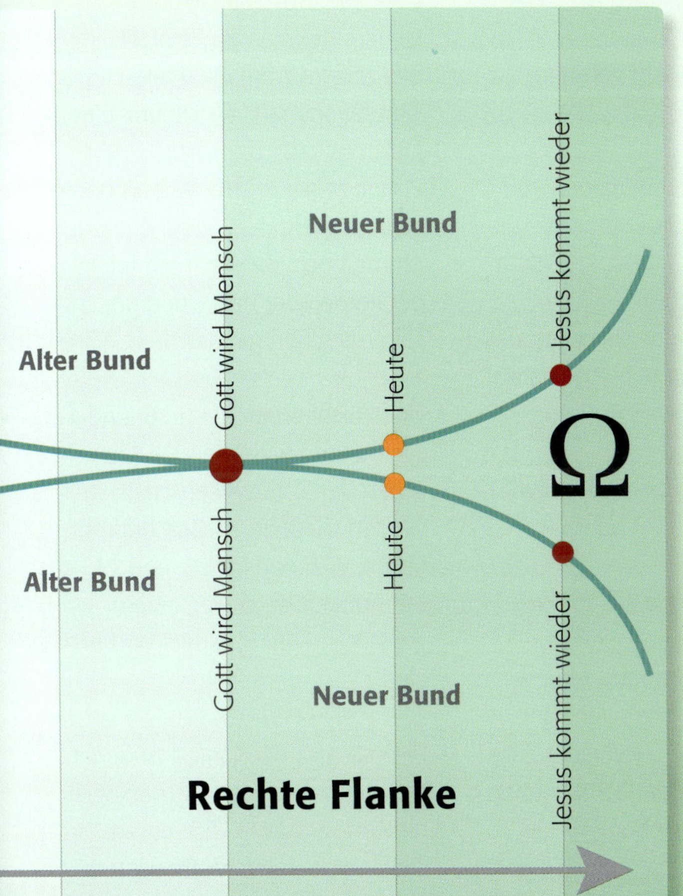

- So haben die Sonne und die Gestirne ihren Ursprung möglicherweise bereits in V. 1, während ihr Licht am Tag 4 sichtbar wurde (auf der Venus ist es wegen ihrer dichten Atmosphäre bis heute nicht Tag geworden). Dies entspricht auch der Tatsache, dass es für die ersten vier Schöpfungstage Abend und Morgen gab.

Letztere Interpretation lässt keinerlei bibelbasierte Altersabschätzung der Anfänge der Schöpfung zu, weil zwischen der Schaffung des Rohbaus des Kosmos und der Ausgestaltung der Biosphäre der Erde in der klassischen Schöpfungswoche ein unbestimmter Zeitraum liegt.

„Gott ist Wirklichkeit, über die hinaus nichts gedacht werden kann."
Anselm von Canterbury,
Theologe und Philosoph

- „Wenn alle Experten einig sind, ist Vorsicht geboten."
  Bertrand Russell

- Im Genesis-Bericht vermittelt Gott aus übergeordneter Sicht das Muster der Weltentstehung als komprimiertes Datenfile, das zu entzippen ist.

- Zur Beschreibung unserer Welt durch das Urknallmodell kommt man ohne Rückgriff auf bislang rein spekulative Theorien nicht aus.

- Woher wusste das postulierte anfängliche Quantenvakuum, wie es sich zu verhalten hatte? Wer oder was erzeugte diese Gesetze/Information?
  Wir kennen keine naturalistische Ursache, die Information erzeugen könnte. Natürliche Selektion, Selbstorganisationsvorgänge und der Zufall fallen aus. Aber wir kennen eine Ursache, die Information erzeugen kann, und das ist die Intelligenz. Wenn wir also mit einer Zelle ein informationsreiches System vorfinden, dann können wir daraus schließen, dass bei der Entstehung dieses Systems Intelligenz eine Rolle gespielt hat – auch wenn wir damals nicht live zuschauen konnten.

- Analog zur Abhandlung der drei Beispiele für Feinabstimmungen könnte man auch folgendes zeigen: Wäre die Stärke der Gravitationskraft, die Ladung eines Elektrons oder die Masse eines Protons (hier reichen 0,2%) nur geringfügig anders, gäbe es weder Atome noch Materie noch funkelnde Sterne über uns – und uns gäbe es schon gar nicht!

- Ist es nicht ironisch: Im 16. und 17. Jahrhundert widerstanden Menschen der Naturwissenschaft, weil sie den Glauben an Gott bedroht sahen, während im 20. und 21. Jahrhundert durchweg einem geplanten Anfang widersprochen wird.

- Eigentlich ist ein Konflikt zwischen Naturwissenschaft und Theologie nicht möglich, weil sich deren Zuständigkeit und Methodik total unterscheiden. Aber in einer naturwissenschaftlich geprägten Welt wird ein gläubiger Mensch in diesen Abgrund schauen. Wir sind es unserer intellektuellen Redlichkeit schuldig, in diesen Bereich ohne Berührungsängste hinein zu gehen.

- Argumentationsstrategisch hat der Atheist zwar einen Platzvorteil, da sich die Existenz Gottes nicht einfach durch Abzählen von Dinglichkeiten ergibt. Eine Leugnung ist immer einfacher als die sorgfältige Untermauerung einer Behauptung. Aber nie wird uns unser Wissen zum Atheismus zwingen.

- Die Feinabstimmungen wurden selbst im Naturbild an einer bereits gefallenen Schöpfung sichtbar. Schon die Überreste einer Ordnung, die sich durch die Störung durch den Sündenfall gerettet haben, sprechen deutlich vom Urheber. Selbst bei der Betrachtung mit „unscharfer Brille".

- Genauso wenig wie die Entscheidung zwischen Design und Zufall naturwissenschaftlich beantwortbar ist, so wenig ist die Lücke zwischen Kosmologie und Genesis zu schließen. Wie wollten wir auch naturwissenschaftlich mit Gott umgehen, der älter ist als die Zeit und stärker als der Tod?

- So lange die Naturwissenschaft induktiv denkt, kommt sie über die Summe ihrer Bestandteile nicht hinaus.

- Gott ist der Urheber des Kosmos und das Zentrum des DNA-basierten Universums.

- Den Schöpfer kann man so wenig erklären wie den Auferstandenen; man muss ihm begegnen.

- Letzte Fragen liegen immer hinter dem Bereich der Erfahrungswissenschaften.

- Mir kommt es vor, als sei die unübertroffene Schönheit und Komplexität des Kosmos ein internationalisiertes, zeitloses Synonym für „Made by God".

- Leben mit Gott ist Blaupause einer besseren Welt, die menschliche Liebe Ewigkeit in ihrer vergänglichen Form.

- Oft frage ich mich, warum sich der Schöpfer nicht eindeutiger zu erkennen gibt. Ein Zitat von Blaise Pascal gibt darauf treffend Antwort: „Gott gibt so viel Licht, dass wer glauben will, glauben kann. Und Gott lässt so viel im Dunkeln, dass wer nicht glauben will, nicht glauben muss." Alles andere würde seiner Liebe widersprechen. Ich spüre etwas Göttliches.

Teil 5: Staubkorn Erde

Privilegierter Planet

- Aufbau eines bewohnten Planeten
- Dimensionsvergleich zum Mikrokosmos
- Ende der Welt
- Vom privilegierten zum besuchten Planeten

„Die Erde ist eine einzigartige Oase im Sonnensystem, auf der Leben gedeihen kann, eine wohlbehütete Insel in den Stürmen der Sonne."

Fantasievoll geformte Galaxien vollführen eine Art Ballett im Kosmos. Die Sterninseln bilden Muster wie in einem norwegischen Strickpullover. Mal reihen sie sich zu langen Fäden, mal verweben sie sich zu großen zusammenhängenden Gebilden, formen sich zu Blasen und Netzen. Die Dimensionen dieser Superhaufen sprengen jede Vorstellung: Sie sind die größten Objekte des Universums, die durch die Kräfte der Gravitation zusammengehalten werden. Kosmos-Systematiker entdeckten innerhalb dieser kosmischen Gewebe zwischen den Fäden, Netzen und Flächen riesige Leerräume mit Hundert Millionen Lichtjahren Durchmesser. Sie sind so groß, dass wir uns fragen müssen, wie die uns bekannten Kräfte in der „kurzen" Zeit von 13,7 Milliarden Jahren diese Formationen arrangieren konnten.

Dank eines unglaublichen Aufgebots an Hochtechnologie können Astronomen heute in bislang unerreichte Tiefen der Raum-Zeit blicken. Dutzende von riesigen Teleskopen, ausgestattet mit raffiniertester Elektronik, saugen Infos selbst aus wenigen Photonen oder Lichtquanten, den kleinsten Einheiten des elektromagnetischen Spektrums, die nach milliardenjahrelanger Reise bei uns ankommen. Fussballfeld-große Antennenanlagen der Radioteleskope sammeln Nachrichten aus Gegenden des Universums, in denen es für das menschliche Auge zappenduster ist. Das milliardenteure Hubble-Weltraumteleskop zeigt klare Strukturen, wo vorher mit älteren Geräten nur Gewusel zu erkennen war. Instrumente auf Satelliten registrieren auch Strahlung, die ansonsten von der Erdatmosphäre verschluckt wird.

Der Mensch mit seiner Erde ist – astronomisch gesehen – Treibsand,

ein winziges Staubkorn

Als meine Großeltern noch Kinder waren, galten elektrisches Licht, Auto, Flugzeug, Radio noch als erstaunlicher Fortschritt, als Wunder ihrer Zeit. Sie hörten allerlei seltsame Geschichten darüber in ihrem kleinen Dorf im Pfinztal. Aber bereits zu dieser Zeit gab es zwei Männer, die in ihren Gedanken viel weitreichendere Konzepte bewegten: Es was Konstantin Ziolkowskij, ein halbtauber Lehrer aus der russischen Stadt Kaluga und Robert Goddard, Professor an einem College in Massachusetts. Beide träumten von Raketen zu Planeten- und Sternenräumen in einer Zeit, in der solche Gedanken noch als klares Zeichen einer Geisteskrankheit galten. Dennoch haben wir ihnen letztlich all die schönen Bilder zu verdanken. Zum Beispiel das Bild unserer Erde als empfindliches, weil geschlossenes System mit begrenzten Ressourcen, aber auch einer unglaublich reichhaltigen, fein austarierten Ausstattung.

Das Buch „Rare Earth" (Seltene Erde (6)), dessen Zweitautor ein amerikanischer Kollege aus meiner ehemaligen Max-Planck-Institutszeit ist, hat auf der Basis wissenschaftlicher Erkenntnis - und damit im Naturbild auf evolutionärer Basis - die Bedingungen für Leben aufgestellt. Man sieht selbst hier einen komplexen Entwicklungsbaum, der auf bemerkenswerte Weise Bedingungen für fein ausbalancierte Verhältnisse ausweist. Obwohl die dargestellte Logik nicht den Anspruch erhebt, eine für alle Zeiten schlüssige Antwort zu geben, so ist doch der gegenwärtige Stand der Erkenntnis übersichtlich wiedergegeben. Dies unterstreicht aus der Sicht von Leben das, was wir in Teil 4 bereits aus der globalen Sicht für den Kosmos an Feinabstimmungen und gegenseitigen Bedingungen herausgearbeitet haben.

Es wird z. B. ausgeführt, dass die Erde schon viel zu kalt für höheres Leben wäre, hätte sie nicht die (zusätzliche) Wärme aus dem Zerfall radioaktiver Isotopen in ihrem Innern. Die Autoren gehen noch weiter und fragen nach der natürlichen Synthese dieser Elemente, für die man aus der Sicht physikalischer Gegebenheiten einige Sterngenerationen und Supernovae braucht.

Zudem haben uns erst jüngere Untersuchungen verstehen lassen, dass die Plattentektonik der Erde für die Langzeitperspektive des Lebens eine große Rolle als „Thermostat" spielt, um das Wasser flüssig zu halten, um Gebirgszüge aufzusteilen etc. Zusätzlich hat die Tektonik auch mit dem Erdmagnetfeld zu tun, das uns gegen kosmische Strahlen schützt. Gleichzeitig hat die Erde so viel Kohlenstoff, um alles Leben zu stützen, andererseits nicht zu viel, um einen unkontrollierten Treibhauseffekt auszulösen.

Es gibt eine bemerkenswerte Koinzidenz vom Sonnenspektrum mit dem engen Wellenlängenbereich, der in der Erdatmosphäre ein Fenster zum Sternenhimmel öffnet. Dies

erscheint uns als selbst regulierendes System:

Wasserdampf ist ein Treibhausgas in der Atmosphäre. Wenn die Sonneneinstrahlung die Temperatur auf der Erdoberfläche erhöht, dann wird mehr Wasser verdampft und die Wolkenbildung verstärkt. Das führt zum Rückreflektieren von ansonsten einfallender und damit aufheizender Strahlung. Wir sind Bewohner eines privilegierten Planeten!

rechnet auch mit

unbelebten Zonen

benötigt richtige

Entfernung vom Stern

in eine stabile

Planetenumlaufbahn

mit der richtigen Orientierung der

Rotationsachse

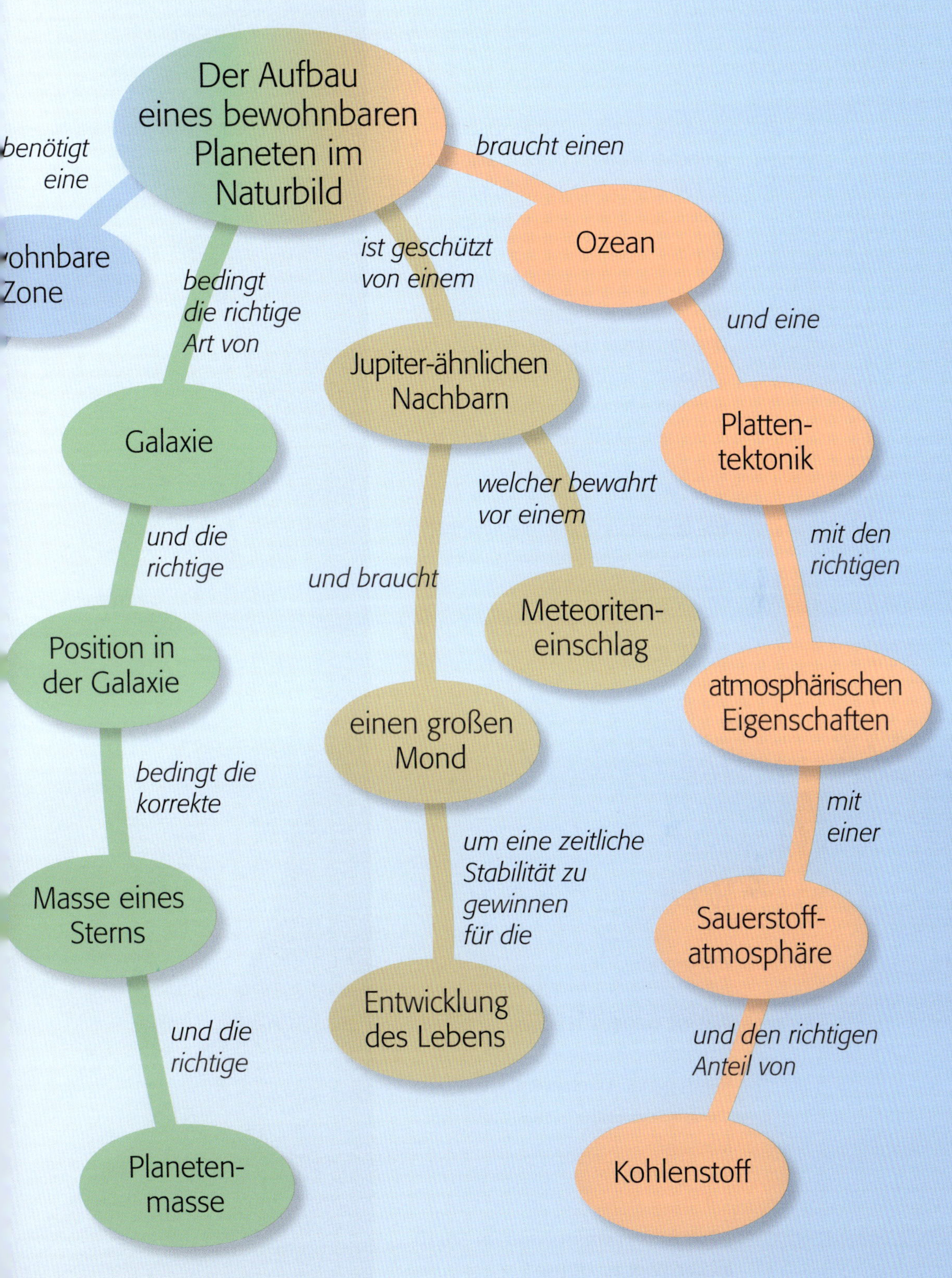

Der Aufbau eines bewohnbaren Planeten im Naturbild
benötigt eine
ohnbare Zone
bedingt die richtige Art von
Galaxie
und die richtige
Position in der Galaxie
bedingt die korrekte
Masse eines Sterns
und die richtige
Planetenmasse
ist geschützt von einem
Jupiter-ähnlichen Nachbarn
welcher bewahrt vor einem
Meteoriteneinschlag
und braucht
einen großen Mond
um eine zeitliche Stabilität zu gewinnen für die
Entwicklung des Lebens
braucht einen
Ozean
und eine
Plattentektonik
mit den richtigen
atmosphärischen Eigenschaften
mit einer
Sauerstoffatmosphäre
und den richtigen Anteil von
Kohlenstoff

Die Erde ist eine Google ☺, und mancher Mensch begreift sein Leben nur als einen Parameter in einem intergalaktischen Computer-Spiel. Gesteuert von irgendeiner Übermacht, deren Spielball wir sind. Wir haben unser Zuhause im Internet und verbringen unser Leben auf der Festplatte. So treiben wir vor uns her. Als Mitglieder einer virtuellen Pseudogemeinschaft. Wo bleibt da der Sinn?

Wie lang ist eine Zeit, die Millionen Jahre zählt, eine Strecke, die Milliarden Lichtjahre lang ist,

welchen Wert besitzt in dieser Übermächtigkeit des Alls eine winzige Kugel

wie unsere Erde?

Was ist, wenn sich unsere Einsichten und unsere Intelligenz in diesem Raum genauso relativieren, wie die Zeit, die Entfernungen und die Massen?

„Gott ist im Himmel und im Staub dieser Welt zu Hause."

Wir wollen den in Teil 1 eingeführten Vergleich von Mikro- und Makrokosmos aufnehmen und ausbauen. Zur Veranschaulichung der Größenordnungen nehmen wir eine freitragende Straße von der Erde zur Sonne über 149 Millionen Kilometer Länge an, die wir mit Millimeterpapier ausgelegt haben.

Gleichzeitig nehmen wir einen üblichen Spielwürfel, der aus Atomen aufgebaut ist. Wir tun nun so, als könnten wir mit einer symbolischen Pinzette ein Atom nach dem anderen herausnehmen. Wir legen diese Atome auf die mit Millimeterpapier ausgelegte Straße, indem wir pro Quradratmillimeter ein Atom – also kein Elementarteilchen, sondern schon ein Mini-Planetensystem - vorsehen. Die Frage ist nun: Wie breit muss die 149 Millionen Kilometer lange Straße angelegt werden, damit alle Atome unseres Spielwürfels darauf Platz finden?

Die Breite muss rund 1000 Kilometer sein!

In Teil 2 wurde die Lichtgeschwindigkeit mit rund 300 000 km/s eingeführt:

Wenn wir mit dieser Information wieder in den Vergleich von Mikro- und Makrokosmos hineingehen, so ergibt sich z. B. folgendes: Die Strecke von rund 300 000 Kilometern, die das Licht in einer Sekunde zurücklegt, fliegt eine Biene zum Sammeln von einem Kilogramm Honig. Das ist fast die Strecke bis zum Mond.

Wollen wir uns noch ein anschauliches Bild von der Entfernung bis zu dem nächsten Stern von rund vier Lichtjahren machen, nämlich zu Proxima Centauri, dann können wir feststellen, dass diese der Summe der jährlichen Flugleistung aller Bienen im deutschsprachigen Raum entspricht – sofern sich das Bienensterben nicht fortsetzt.

Kurze Zusammenfassung herausragender Eigenschaften der Erde, die in Teil 2 ausführlicher behandelt wurden:

- Magnetosphäre als Ritterrüstung der Erde; sie schützt gegen hochenergetische Teilchen der Sonne
- Filterwirkung der Atmosphäre; sie schützt das Leben insbesondere durch das dünne Häutchen von Ozon vor gefährlicher UV-Strahlung
- Zusammensetzung der Atmosphäre; Leben profitiert nicht nur davon, sondern baut sie aus: Leben richtet sich sein Nest selbst ein

- links drehende Aminosäuren als Charakteristikum für Leben; in Meteoriten gibt es Aminosäuren beider Typen, also links- und rechts drehend, eine Mischung, die für Leben tödlich wäre. Dies gibt einen Hinweis darauf, dass Leben nicht von „draußen" kam (Panspermie-Theorie, die allerdings die Lebensentstehung nicht erklärt hätte, sondern nur ein Verschiebebahnhof gewesen ist), sondern von der Erde stammt.

- flüssiges Wasser; die Erde ist der bisher einzige Planet mit flüssigem Wasser an der Oberfläche, was für Leben unabdingbar ist

- Ökosphären; die Erde liegt inmitten der Ökosphäre der Sonne und inmitten der Ökosphäre unserer Galaxis

Die Erde wird täglich bombardiert. Rund 50 000 Tonnen interplanetares Material treffen uns jährlich meist in Form von kleinen Körnchen. Glücklicherweise fragmentieren größere Brocken in der Atmosphäre. Sie macht uns dadurch nicht nur sicherer, sondern liefert uns gleichzeitig

ein nächtliches Feuerwerk in Form von Sternschnuppenschwärmen,

um unseren privilegierten Planeten zu feiern. Und all die bisher diskutierte Herrlichkeit, Raffinesse und Vielfalt ist aus nur rund 100 Elementen des Periodensystems aufgebaut und stammt im Wesentlichen aus der unbelebten Welt: Das Juwel Erde inmitten eines lebensfeindlichen Universums!

Jetzt ist es sozusagen offiziell: Nach neuen Berechnungen von Wissenschaftlern wird die Erde in 7,59 Milliarden Jahren untergehen. Sie wird verbrennen, weil sie ins Feuer unserer ebenfalls sterbenden Sonne stürzt. Vorausgehen wird diesem *Ende der Welt,*

diesem feurigen Finale aus astronomischer Sicht, ein ebenso bizarrer wie faszinierender Todeskampf. Die ungemütliche Phase wird wohl schon in etwa 1,6 Milliarden Jahren beginnen, wenn die Sonne ungefähr 15 Prozent heller ist als heute: Die durchschnittlichen Temperaturen auf der Erde werden dann bei etwa 60 bis 70 °C liegen, ein Klima, bei dem sehr viel mehr Wasser verdunstet als heute. Da der Wasserdampf ein exzellentes Treibhausgas ist, wird sich die Temperatur in den folgenden Jahrmillionen immer weiter erhöhen. Nach und nach verschwinden die Ozeane, die Gebirge flachen sich ab und lediglich die großen Flüsse bleiben übrig.

Auch die Atmosphäre wird nicht mehr das sein, was sie heute ist: Die zunehmend intensive UV-Strahlung der Sonne zerschlägt die Moleküle des Wasserdampfes in Wasserstoff- und Sauerstoffatome sowie aggressive Hydroxylradikale. Der Wasserstoff, so leicht, dass ihn die Gravitation der Erde bei dieser Temperatur nicht halten kann, entweicht anschließend ins All. Der schwerere Sauerstoff hingegen bleibt zurück – und färbt den blauen Planeten rot. „Das Eisen im Gestein wird den Sauerstoff absorbieren und die Erde wird ein rostiger Planet – ähnlich wie der Mars", erklärt Jeffrey Kargel vom US Geological Survey in Flagstaff, Arizona.

Irgendwann, wenn die Temperaturen auf etwa 1 000 °C angestiegen sind, beginnt das Gestein selbst zu schmelzen. Mineralien wie beispielsweise Gips lösen sich auf, und tödliche Wolken

aus Schwefelsäure werden, ähnlich wie heute auf der Venus, in die Atmosphäre aufsteigen – wenn sie denn überhaupt noch existiert. In 7,5 Milliarden Jahren schließlich wird es nicht einmal mehr Tag und Nacht auf der Erde geben: Die zum Roten Riesen mutierte Sonne, deren Radius dann etwa 250mal so groß ist wie heute, hält den Planeten Erde so fest, zwingt ihn zu einer gebundenen Rotation, sodass er ihr immer die gleiche Seite zuwendet.

Diese Temperatursprünge sorgen für ungewöhnliches Wetter. So verdampfen bei über 2 200 °C Silizium, Eisen und Magnesium auf der heißen Seite, um in der Zwielichtzone wieder zu kondensieren. Es gäbe Eisen-Regen und vielleicht Siliziumdioxid-Schnee. Auf der Nachtseite könnten sogar Natrium- und Kalium-Schnee vom Himmel fallen. Seltsame Kontinente aus Natrium, Kalium, Aluminium und Kalzium würden auf einem geschmolzenen Ozean schwimmen, in den Gletscher aus Silizium, Eisen und Magnesium hineinfließen – es wird ein höllischer Ort sein.

Wenn nun nach dem physikalisch unterlegten Szenario der traurige Überrest unseres Planeten in kleiner Distanz um die aufgeblähte Sonne kreist, erzeugt die irdische Gravitation eine Art Gezeitenberg – analog zur Flut, die unser Mond heute bei den Meeren verursacht. Die Sonne wird also geringfügig in Richtung Erde ausgebeult. Weil ihre konvektive Hülle aber aufgrund von inneren Reibungsprozessen der vorbeieilenden Erde immer etwas „nachhinkt", verlangsamt der Gezeitenberg die Geschwindigkeit der Erde geringfügig. Durch diesen Verlust an Bewegungsenergie und Bahndrehimpuls schrumpft die Erdbahn mit jedem Sonnenumlauf etwas. Und diese Spirale des Todes infolge der „Gezeitenbremse" ist unaufhaltsam – glücklicherweise nicht so schnell. Die heutige Regierung kann jedenfalls dafür nicht haftbar gemacht werden ☺.

Das ist unser Zuhause.
Das sind wir mit unserem Raumschiff Erde …

…aus 6 Milliarden Kilometern Entfernung!

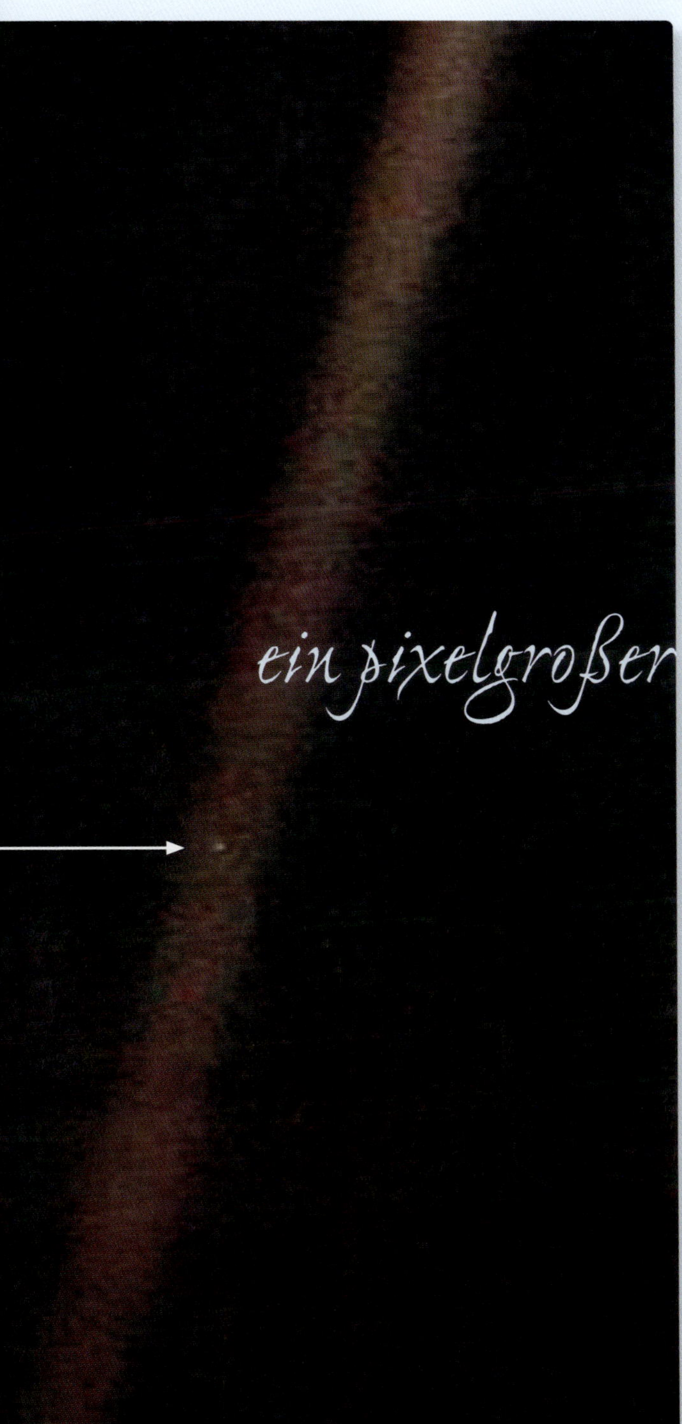

„Nicht der Kosmos ist groß; wir sind nur so klein!"

Dieses Bild mag nach all den schönen Szenen aus dem Weltraum eher eine Zumutung sein. Aber es ist ein Motiv, das mich emotional am meisten anspricht: Wenn es auch ein fast schwarzes Bild ist, fällt

ein pixelgroßer Mückendreck

auf. Ihm gilt unser Interesse.

Der Voyager-Raumsonde wurde von der Erde aus der Befehl gegeben, sich aus rund sechs Milliarden Kilometern Entfernung noch einmal zu ihrem Heimatplaneten Erde umzudrehen. Aus dieser gewaltigen Distanz steht die Erde unter einem kleinen Winkel zur Sonne.

Trotz des Streulicht-Unterdrückungssystems (Baffles) der Kamera, zeugen bereits bunte Streifen von gestreutem Licht der nahe stehenden Sonne. Inmitten einer dieser Lichtstraßen fällt bei genauem Hinsehen ein heller, pixelgroßer Fleck auf – unsere Erde. Sie wurde hier erstmals als Punkt abgebildet.

Es ist tragisch, wie viel auf diesem Pünktlein gegeneinander gestorben wird, anstatt miteinander zu leben. Unsere Geschichte gibt uns wenig Hoffnung, dass sich das in Zukunft ändern wird.

Nach dem Durchstreifen der Weiten der Planeten- und Sternenwelten haben wir hier ein Bild des Lebensraums des Menschen aus astronomischer Sicht vor uns: Er ist eine völlig unbedeutende Komponente im Kosmos. Das ist die Welt, an deren Anfang Gott stand und in der er Mensch geworden ist (während die Geschichte dieses Planeten voll ist von Menschen, die sich als Gott aufspiel(t)en, war Gott der Einzige, der ganz Mensch werden wollte).

Wenn ich also die biblische Perspektive zulasse, kommt es zu einer Metapher jenseits der menschlichen Sprache, jenseits menschlichen Denkens und damit zum Höhepunkt meiner Ausführungen: Der aus astronomischer Sicht völlig unbedeutende Mensch wird als Gegenüber Gottes dargestellt. Er bietet uns das Du an. Wir müssen es nur wollen. Vom privilegierten zum besuchten Planeten.

Ich könnte mir vorstellen, dass Gott am Vorabend des ersten Weihnachten die Erde auch so sah: Ein kleiner heller Fleck, ein Mückendreck, mit all seinem Dunkel drum herum. Da beschloss er, dies zu ändern und kam in Gestalt von Jesus, um aus Zerrbildern wieder Ebenbilder zu machen. Kritiker mögen skeptisch fragen: Gott kommt uns besuchen und stirbt am Galgen?!

Mit den Worten „Es ist vollbracht" stirbt kein Gescheiterter. Auf Golgatha wurde nicht einer zufällig in den Strudel einer menschlichen Tragödie hineingerissen, sondern hier leitete einer mit Vollmacht den Schlussakt des göttlichen Erlösungsdramas ein. Er stirbt dort nicht als einer der vielen Unschuldigen, sondern nimmt als Schuldloser alle Schuld der Welt auf sich.

Nein, er hat dabei nicht das Leid und die Not der Welt beendet; aber er hat eine *Lichtstraße* eingerichtet: Er hat einen Tag gesetzt, wo all dies nicht mehr sein wird, wo Leid und Tränen aufhören. Diese Welt ist nicht Gottes letztes Wort!

Es überwältigt mich jedes Mal, wenn ich mir vergegenwärtige, dass der aus astronomischer Sicht völlig unbedeutende Mensch einen so großen Stellenwert bei Gott hat.

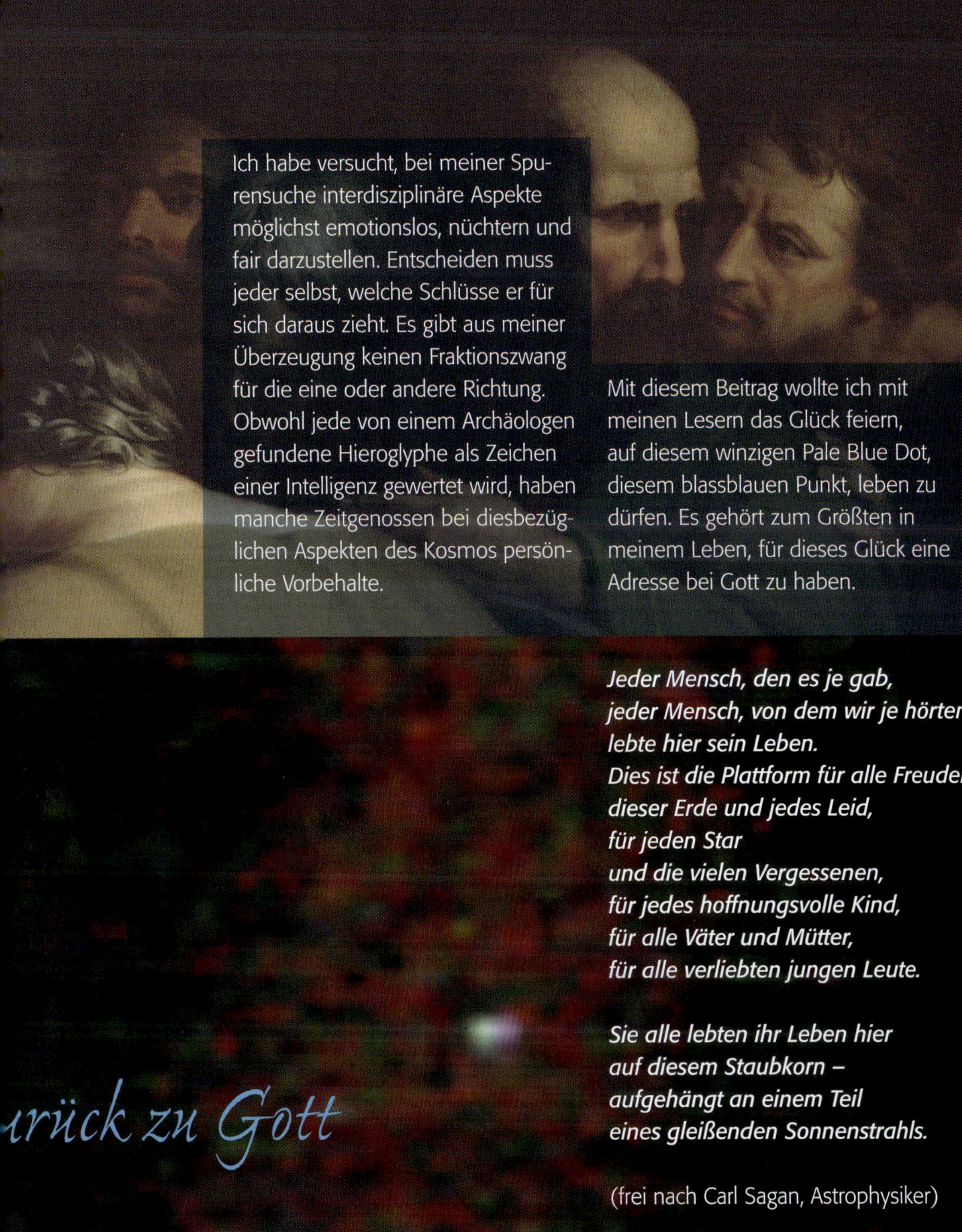

Ich habe versucht, bei meiner Spurensuche interdisziplinäre Aspekte möglichst emotionslos, nüchtern und fair darzustellen. Entscheiden muss jeder selbst, welche Schlüsse er für sich daraus zieht. Es gibt aus meiner Überzeugung keinen Fraktionszwang für die eine oder andere Richtung. Obwohl jede von einem Archäologen gefundene Hieroglyphe als Zeichen einer Intelligenz gewertet wird, haben manche Zeitgenossen bei diesbezüglichen Aspekten des Kosmos persönliche Vorbehalte.

Mit diesem Beitrag wollte ich mit meinen Lesern das Glück feiern, auf diesem winzigen Pale Blue Dot, diesem blassblauen Punkt, leben zu dürfen. Es gehört zum Größten in meinem Leben, für dieses Glück eine Adresse bei Gott zu haben.

Jeder Mensch, den es je gab,
jeder Mensch, von dem wir je hörten,
lebte hier sein Leben.
Dies ist die Plattform für alle Freuden
dieser Erde und jedes Leid,
für jeden Star
und die vielen Vergessenen,
für jedes hoffnungsvolle Kind,
für alle Väter und Mütter,
für alle verliebten jungen Leute.

Sie alle lebten ihr Leben hier
auf diesem Staubkorn –
aufgehängt an einem Teil
eines gleißenden Sonnenstrahls.

(frei nach Carl Sagan, Astrophysiker)

Wir sind über einen langen Weg nun am Ende eines komplexen und divers diskutierten Themas angekommen und haben den Gegenstand des Anfangs von Raum und Zeit aus unterschiedlichen Standpunkten beleuchtet. Vielleicht ist gerade diese „Beleuchtung" das Stichwort für eine kleine Parabel, weil sie unsere Situation treffend charakterisiert. Denn wenn es um den Ursprung des Kosmos geht, so sucht die Naturwissenschaft nicht nur aus Gründen von zwingenden Befunden im Umfeld eines Urknallereignisses. Es mag Alternativen geben. Aber es gibt eben an der Stelle das eine oder andere plausible Argument (=„Licht"), dem die Kosmologie folgte:

Ein Mann hat sich einen schönen Abend geleistet. Dabei floss auch genügend Alkohol – und noch etwas passierte: Aus welchen Gründen auch immer: Unser guter Mann verlor seinen Haustürschlüssel. Das bemerkte er aber erst kurz vor dem Erreichen seines Zieles, nachdem er sich in der Dunkelheit nach Hause getastet hatte. Nun geht er – zwar ärgerlich – zurück und sucht. Wegen der Dunkelheit hat er nur eine Chance, unter dem Schein der einen oder anderen Straßenlaterne zu suchen. Ein freundlicher Passant kommt ihm zu Hilfe, dem es jedoch nach einer gewissen Zeit zu blöd wird, denn sie finden den Schlüssel einfach nicht. Also sagt der Passant zu dem Betrunkenen: „Sagen Sie mal, haben Sie den Schlüssel überhaupt hier verloren?" Der Betrunkene sagt daraufhin: „Nein, nein, verloren habe ich ihn anderswo, aber

da ist es ja finster, da sehe ich ja nichts."

Wir sind als Suchende im Allgemeinen blind für die Wirklichkeit. Unsere Suche beschränkt sich auf „Orte", die gewisse Voraussetzungen zum Finden haben mögen, aber eben nicht alle erfüllen. So hat uns die grundlegende Erkenntnis von Edwin Hubble von den sich entfernenden Galaxien zu dem Bild des expandierenden Kosmos geführt. Und wenn dieser heute zu einer gewissen Größe ausgewachsen ist, dann bedarf es keiner großen gedanklichen Leistung, ihn in der Vergangenheit kleiner zu vermuten. Dieser einfache Gedanke führte uns am Ende zu einer Singularität, nämlich der eines Urknalls. Dazu kam 1964 die Entdeckung der Mikrowellen-Hintergrundstrahlung, dass der ursprünglich heiße Kosmos durch seine Expansion abgekühlt sein muss. Das sind die Ecksteine der Urknalltheorie, die Kulisse, vor der die Kosmosentstehung stattfinden sollte. Dass dabei auf dem Weg bis heute weitere Aspekte hinzugekommen sind, muss in ein umfassendes Bild einfließen:

1. In Teil 1 haben wir bereits auf den Unterschied zwischen Weltbild und Naturbild hingearbeitet und erkannt, dass Daten im Naturbild je nach Modellhintergrund mehrdeutig verstanden werden können, zumal sie im Falle der Kosmologie aus dem Grenzbereich des Naturbildes stammen. Deshalb fand sich im Teil 4 der Hinweis, dass die Erkenntnis im grenzwissenschaftlichen Fall der Frage nach dem Anfang einer übergeordneten Struktur oder Führung bedarf, die uns zu dem Platz führt, an dem wir trotz vorhandener Mängel fündig werden können.

2. Im Teil 4 sind wir zu der aktuellen Erkenntnis geführt worden, dass der Löwenanteil des Kosmos gar nicht sichtbar ist, weil wir mit der seiner Natur nach Dunklen Komponente umzugehen haben, die nicht mit Licht wechselwirkt. Dieser hohe Anteil der Dunklen Komponente im Raum ist der unüberhörbare Ruf nach einer weiteren „Kopernikanischen Wende", die uns aus dieser großen Unsicherheit unseres heutigen Bildes herausführt.

Großes. Ein Sonnenuntergang, der den Himmel in Flammen setzt, ein nächtlicher Himmel mit seiner wechselnden Sternenpracht, Sonnenstahlen, die aus Tautropfenbesetzten Spinnennetzen perlenbestückte Ornamente machen, hoch aufragende Gebirge, deren Schneekronen im Sonnenlicht glitzern, die Brandung Sturm-gepeitscher Meere. Um nur ein paar Beispiele zu nennen.

Kleines. Ein winziger Vogel, der Baumwaldsänger, fliegt auf seinem Weg von Nord- nach Südamerika zunächst hoch über dem Atlantik, in Richtung Afrika. In einer Höhe von ungefähr sechstausend Metern begibt er sich in eine Windströmung, die ihn Kurs Richtung Südamerika nehmen lässt. Auf seiner Flugroute ist er rund viertausend Kilometer mehrere Tage unterwegs – 20 Gramm unglaubliche Courage in weiche Federn verpackt. Um nur ein Beispiel zu nennen.

Geniales. Fledermäuse, die mit den Ohren sehen, weil sie sich mit Hilfe von Ultraschallwellen orientieren, Aale, die Elektrizität erzeugen, Wespen, die Papier herstellen, Termiten, die Klimaanlagen

„Sehnsucht des Lebens ist Heimweh."

installieren, Kraken, die als Fortbewegungsmittel ihr Düsenaggregat anwerfen, Vögel, die weben oder Apartmenthäuser bauen, Ameisen, die Gartenarbeit verrichten und mit ihrem Sonnenkompass und Wegintegrator echte Navigationsgenies sind, Leuchtkäfer mit eingebauten Taschenlampen. Um nur ein paar Beispiele zu nennen.

Einfaches. Wenn gelegentlich unser komplexer Organismus aus irgendeinem Grund an einer Stelle einmal aussteigt, sind wir dankbar für ein Lächeln, eine Berührung, ein freundliches Wort, eine Blume, für den Gesang eines Vogels, einige Sonnenstrahlen. Um nur ein paar Beispiel zu nennen.

Es ist gleichgültig, welchen Skalen unseres Kosmos wir Aufmerksamkeit schenken: Wir entdecken Wunder. Unser Leben ist ein Wunder, unser Gehirn komplexer als das Universum selbst.

Was soll man dazu sagen? Das Beste ist schweigen.

Teil 6: Symbole der Natur

Gleichnisse am Himmel

- Symbole aus dem Makrokosmos
- Symbole aus dem Mikrokosmos
- Erhalterfunktion im Mikro- und Makrokosmos
- Entscheidungsfreiheit im Mikrokosmos

Der Schöpfer hat sich bei den Menschen auf unterschiedlichen Frequenzen bekannt und unvergesslich gemacht. Seine Zeichen sind unaufdringlich, wenn auch nicht übersehbar. Entscheidend ist, worauf wir als Empfänger getrimmt sind.

Die primäre Quelle seiner Mitteilung an seine Geschöpfe ist die Bibel als Referenz und Navigationshilfe. Allerdings gab es Zeiten, wo es weder die Bibel gab, noch Menschen lesen konnten. So hat sich der Schöpfer auch sichtbar gemacht in seinen Werken. Man muss nur den Blick dafür haben. Die Natur sehe ich als generalisierte Botschaft des Schöpfers, während die Bibel seine persönliche Mitteilung ist. Das eine ohne das andere wäre nur ein Schwarz-Weiß-Bild. Damit werden Konturen und Linien nicht verändert, sondern durch gelungene „Farbgebung" in ihrer Aussage eindrucksvoller gemacht, was ein Ziel des vorliegenden Buches ist.

In diesem Teil des Buches sollen

Symbole der Natu

in unterschiedlichen Bereichen der Schöpfung beispielhaft anklingen. Sie dienen mir als Gleichnisse in der Natur und zeigen schlaglichtartig ein paar wenige Beispiele, die rasch durch eigenes Beobachten ergänzt werden können. Wer nur die richtigen Augen hat, bemerkte bereits, dass dieses Buch randvoll ist mit Hinweisen.

So soll die Ahnung in unseren Köpfen und Herzen vertieft werden, in welch gewaltige Kulisse uns Gott als Geschöpfe gestellt hat. Unsere Sichtweise bekommt eine weitere Vertiefung, wenn ich den Gedanken zulasse, dass die großartige, für uns unfassbare schöne und komplex

vernetzte Natur Gottes sichtbare Seite ist. Jedenfalls sehe ich das so. Aus dieser Sicht ist der Blick zum Himmel meinem Glauben zuträglicher gewesen als meinem Wissen.

Am Ende nimmt Gott Maß an unserem Herzen, nicht an unseren Köpfen. Dies weist das Leben eines Christen mit hohen Empathiewerten für das Leid und die Not der Welt aus, die weit über jede Vorbildethik hinausragt.

„Zwei Wahrheiten können sich nie widersprechen … Denn die Heilige Schrift wie auch die Natur haben ihren Ursprung gleichermaßen im Wort Gottes."
Galileo Galilei

Im Sommer 2010 hatte ich die Gelegenheit, bei einem Motorradtrip nach Genf im CERN Informationen über Einzelheiten aktueller

Forschung am unteren Ende der Skala

zu erhalten. Idyllisch zwischen dem Genfer See und dem Schweizer Jura gelegen, befindet sich der rund 100 m tief gelegte LHC-Beschleuniger unterhalb von Maisfeldern, Dörfern und Kirchen. In jedem der vier Experiment-Schächte könnte man ein Hochhaus verstecken. Man könnte auch sagen, dass solche Anlagen die heutigen Kathedralen sind, auch wenn sie nach unten gebaut werden. In dieser riesigen unterirdischen Kaverne von 27 km Länge soll dann ein unterirdisches Feuerwerk von bislang unerreichter Energie zünden, um aus Kollisionsprodukten mehr über den Aufbau der Materie zu erfahren. Damit will man sich zu Materiezuständen am Anfang der Zeit vorarbeiten.

Grenze des heute erforschten Raumes

Makrokosmos 10^{+30} m

Supernova 1987

Abseits der Baustellen und Experimentierhallen präsentiert sich CERN gelassen – in jener seltsamen Mischung aus glanzvoller Forschung und glanzlosem Äußeren, für die Naturwissenschaftler bekannt sind. Der zentrale Campus des CERN ist eine graue Ansammlung von Industriearchitektur, von Flachdachgebäuden, Plattenbauten und Lagerhallen mit abgeblättertem Anstrich. Wer als Physiker, Ingenieur oder Computerexperte hierher kommt, bezieht ein bescheidenes Büro in einem tristen Block in der Einstein-, Rutherford- oder Demokritstraße.

Wird das Forschen in diesen bislang unerreichten Dimensionen ein Aufbruch zu neuen Ufern? Oder ist es das letzte Aufbäumen einer internationalen Forschergemeinschaft, die an ihren eigenen Erfolgen und den Ausmaßen ihrer Apparaturen zu

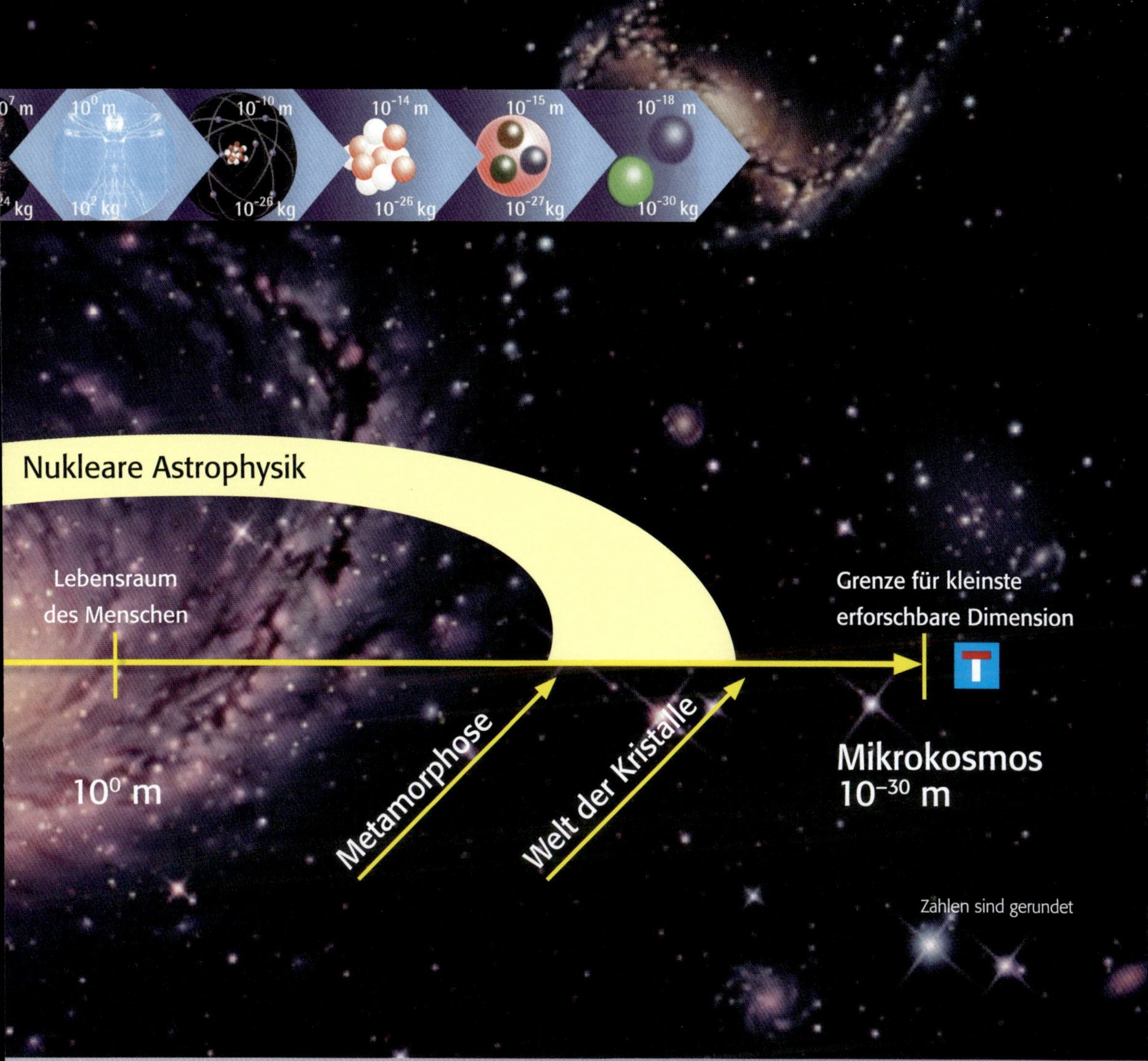

10^{7} m | 10^{0} m | 10^{-10} m | 10^{-14} m | 10^{-15} m | 10^{-18} m

10^{24} kg | 10^{2} kg | 10^{-26} kg | 10^{-26} kg | 10^{-27} kg | 10^{-30} kg

Nukleare Astrophysik

Lebensraum des Menschen

10^{0} m

Metamorphose

Welt der Kristalle

Grenze für kleinste erforschbare Dimension

Mikrokosmos
10^{-30} m

Zahlen sind gerundet

Grunde geht? Wir sahen bereits die Detektor-Elektronik, mit welcher das theoretisch vorhergesagte Higgs-Teilchen entdeckt wurde. Wenn es den Wissenschaftlern nicht gelingt, aus den milliardenfachen Zusammenstößen in der Knautschzone der Teilchen spektakuläre Einzelheiten herauszufischen, könnte der LHC das weltweit letzte große Beschleunigerprojekt gewesen sein.

Obiges Bild ist uns schon von Teil 1 bekannt. Wir sehen hier die Übersicht über die ganze bekannte Skala vom Mikrokosmos bis hin zu fernsten Regionen, in die der Mensch mit seinen Weltraumteleskopen vorgedrungen ist.

Zuvor sprachen wir insbesondere über die Grenzen im Mikro- und Makrokosmos. Die Pfeile deuten nun an, aus welchen Bereichen Beispiele anklingen sollen, um den Symbolcharakter in der Natur punktuell herauszuarbeiten. Die weite Verteilung der Beispiele deutet an, dass dies eine Eigenschaft der ganzen Größenskala ist.

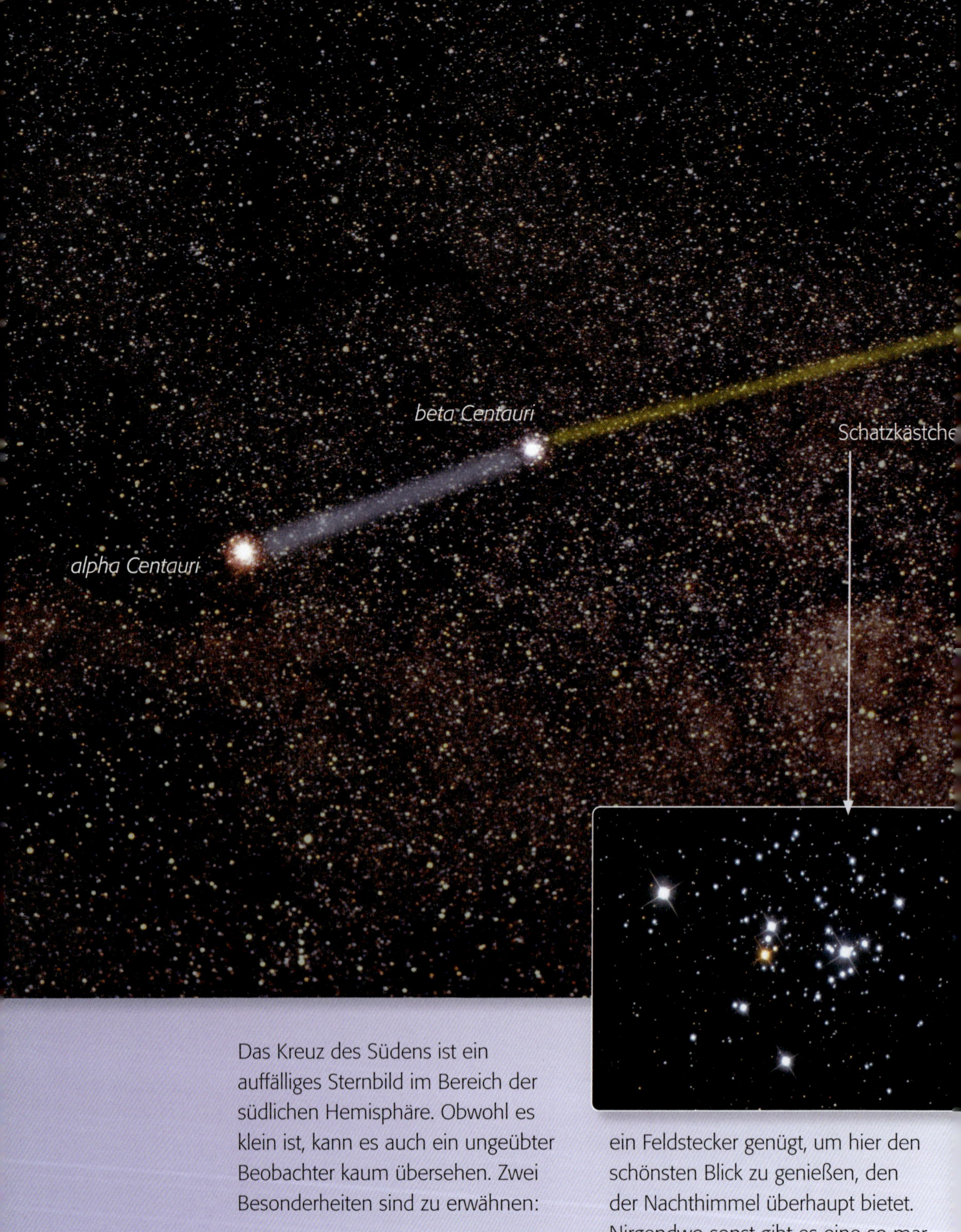

Das Kreuz des Südens ist ein auffälliges Sternbild im Bereich der südlichen Hemisphäre. Obwohl es klein ist, kann es auch ein ungeübter Beobachter kaum übersehen. Zwei Besonderheiten sind zu erwähnen:

- Juwelbox: Dieses Schatzkästchen befindet sich ganz in der Nähe des linken Kreuzesbalkens. Schon ein Feldstecker genügt, um hier den schönsten Blick zu genießen, den der Nachthimmel überhaupt bietet. Nirgendwo sonst gibt es eine so markante Ansammlung von Rot-, Purpur-, Blau- und Gelbtönen. Sie schimmern wie ein wahres Schatzkästlein.

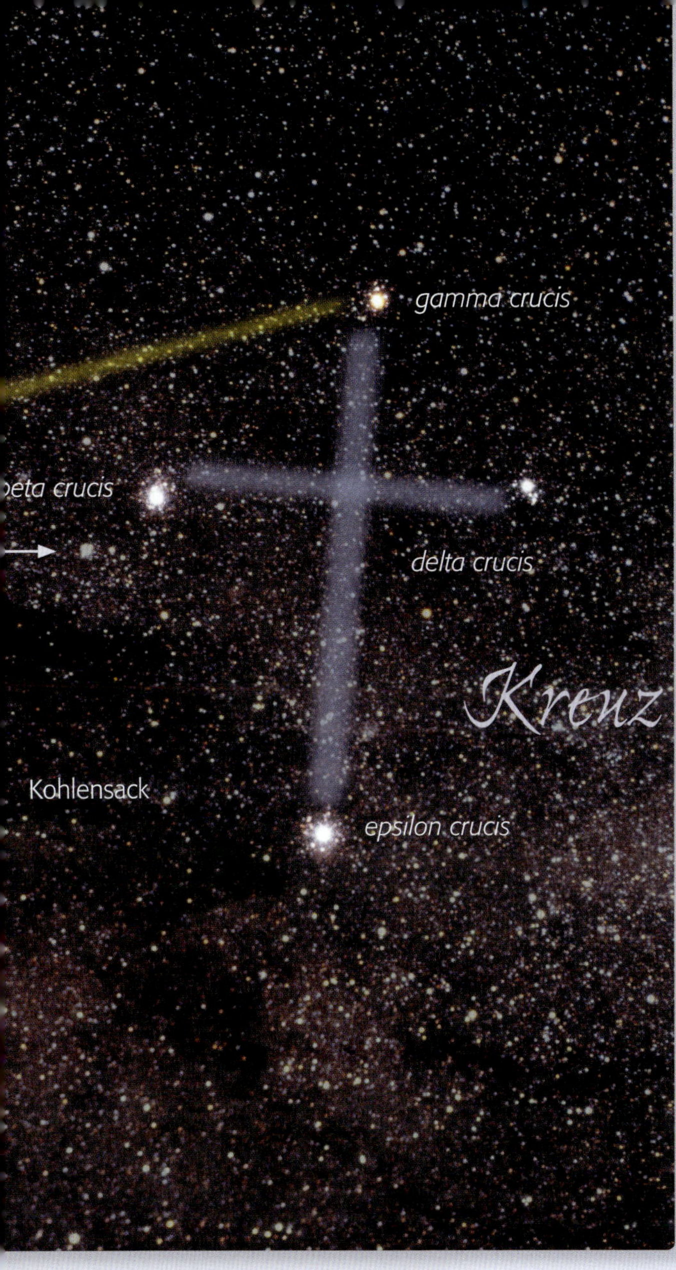

gamma crucis

eta crucis

delta crucis

Kohlensack

epsilon crucis

- Coal Sack: Damit ist eine sehr dichte interstellare Wolke angesprochen, die alles Licht der Hintergrundsterne absorbiert – eine Region völliger Dunkelheit, die den Namen Kohlensack zu Recht erhielt.

Im Buch der Genesis lesen wir, dass Sterne als Zeichen- und Zeitgeber dienen sollen. Was liegt also näher, als das

Kreuz des Südens

als Hinweis auf Jesu Kreuz zu sehen?

- das Schatzkästchen symbolisiert den Himmel
- der Kohlensack symbolisiert die Hölle.

Bibelkenner werden daran erinnert, wie am Kreuz Jesu Licht und die Finsternis aufeinander prallten und die Macht der Liebe Gottes offenbart. Was sich also auf der nördlichen Hemisphäre vor den Toren Jerusalems real zugetragen hat, ist auf der südlichen Hemisphäre jede Nacht zeichenhaft am Himmel zu sehen.

Trotz störendem Licht des Vollmondes konnte ich die Szene während unseres Namibia-Aufenthalts im Bild mit absichtlich unscharf gestelltem Objektiv festhalten. Sie befindet sich auf der Mittelebene unserer Milchstraße. Weiter links liegt das Zentrum unserer Galaxie. Die Verbindung der beiden hellsten Sterne vom Sternbild Zentaur bilden einen Zeigestock, sodass diese Szene auch der Letzte nicht übersehen kann.

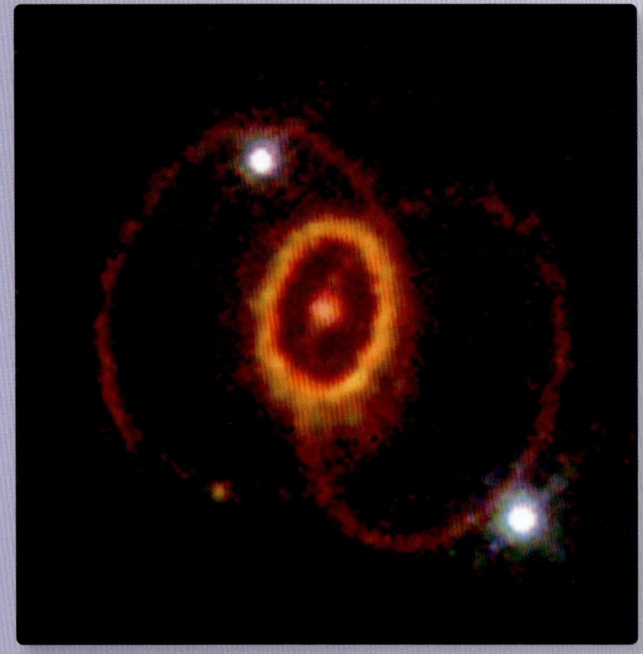

„Die meisten Wunder ereignen sich nicht im Kosmos, sondern in den Herzen des Menschen."

Wir kennen dieses Bild bereits. Es war im Teil 4 eines von mehreren Beispielen für die unglaubliche Feinabstimmung. Wir haben es im Zusammenhang mit der

Turboversion der Nukleosynthese

schwerer Elemente kennen gelernt.

Nun soll hier die symbolische Seite der Supernova SN87 A angesprochen werden: Vor Jahren war ich auf der Suche nach einem Motiv für die Einladungskarte zum Silbernen Jubiläum unserer Studentenehe. Es sollte standesgemäß etwas astronomisch Orientiertes und – wenn es geht – irgendwie auch etwas Tiefsinniges sein.

Da das Leben gelegentlich unter Dampf steht, fiel die Erinnerung an eine Sternexplosion relativ leicht.

Ich habe sie im Sinne einer symbolischen Deutung mit folgenden Worten versehen: Eine Ehe (siehe die äußeren beiden Ringe) hält nur dann, wenn sie gehalten wird (siehe den hellen, inneren Strahlenkranz). Man beachte auch die schöne, symmetrische Anordnung der beiden Sterne an den äußeren Ringen, die wie Diamanten glänzen. So schön und inhaltsschwer können kosmische Katastrophen sein!

Sterne entwickeln sich je nach ihrer Gesamtmasse. Aus massereichen Sternen werden z. B. Neutronensterne, weil sie unter ihrer großen Gravitationskraft so stark zusammengedrückt werden, dass dabei die Atomstruktur aufgelöst wird und der Stern nur noch aus Neutronen besteht.

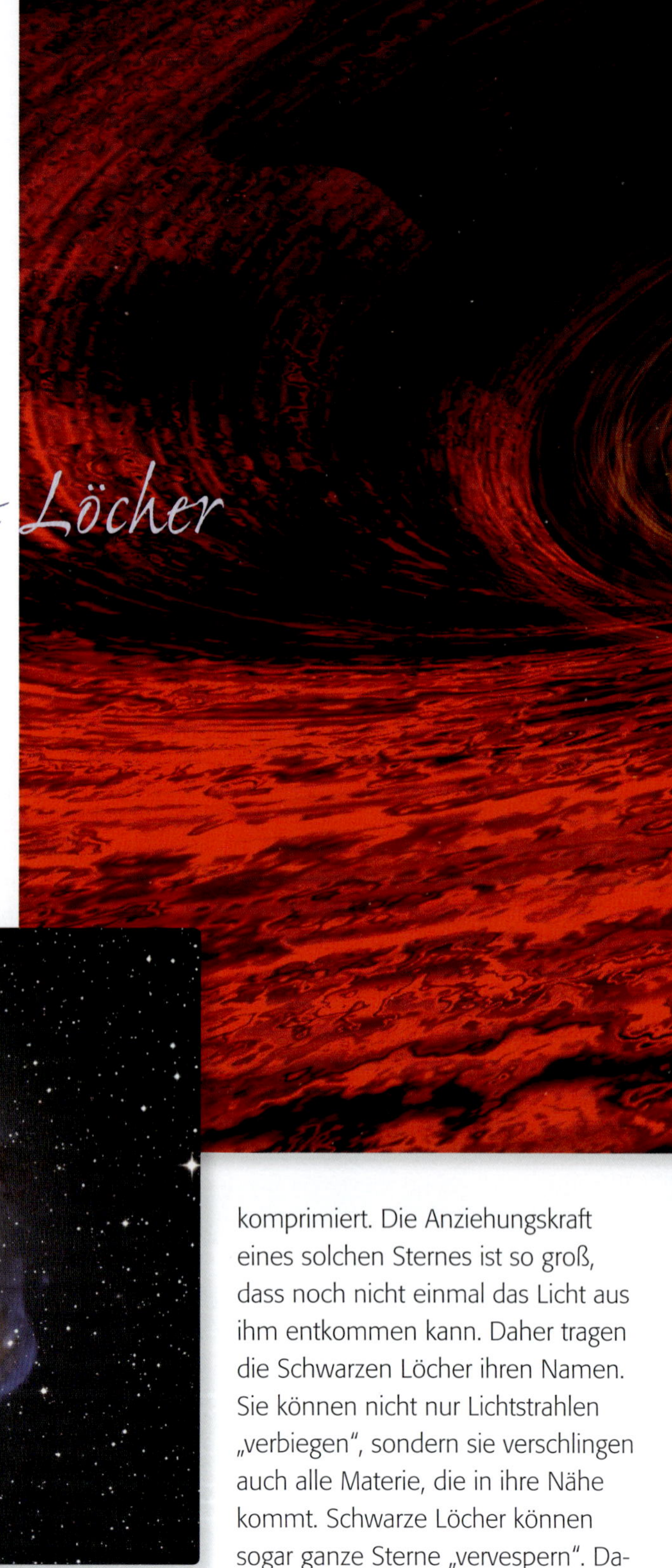

Schwarze Löcher

sind aus noch massereicheren Sternen entstanden. Sie werden jenseits ihrer aktiven Phase so stark zusammengepresst, dass sie unvorstellbar dicht sind. Das heißt, dass eine unglaubliche Menge an Materie in ihnen konzentriert wird. Schwarze Löcher sind deshalb relativ klein, aber extrem schwer, weil hoch komprimiert. Die Anziehungskraft eines solchen Sternes ist so groß, dass noch nicht einmal das Licht aus ihm entkommen kann. Daher tragen die Schwarzen Löcher ihren Namen. Sie können nicht nur Lichtstrahlen „verbiegen“, sondern sie verschlingen auch alle Materie, die in ihre Nähe kommt. Schwarze Löcher können sogar ganze Sterne „vervespern“. Da-

durch wird das Schwarze Loch noch schwerer und noch „gefräßiger". Das Insert zeigt Centaurus A zusammen mit der Dynamik, die ein Schwarzes Loch seiner Umgebung aufprägt.

Aus Schwarzen Löchern gibt es kein Entkommen. Sie lassen sich typischerweise wie folgt charakterisieren:

- Ein Schwarzes Loch bedeutet: 100 Mio Sonnen zusammengepfercht auf die Größe unseres Planetensystems
- Alles was ihm zu nahe kommt, sei es Licht, Materie oder Raum verschwindet in seinem mächtigen Raum-Zeit-Materiestrudel wie in einem Badewannenabfluss

Obiges Bild ist aus naheliegenden Gründen keine Fotografie, sondern eine künstlerische Darstellung.

Schwarze Löcher sind zwar eine Erfindung der Science Fiction Literatur, wurden aber aufgrund aktueller Forschung aus dieser teils seichten Ecke herausgeholt und erstaunlicherweise zwischenzeitlich Gegenstand aktueller Astrophysik. Sie sind heute übliches Zubehör jeder Galaxie.

Wir können nur Gegenstände sehen, die leuchten oder Licht reflektieren (Grund dafür, dass man schwarze Katzen im Dunkeln nicht sieht). Nun sind Schwarze Löcher wahrscheinlich weder schwarz noch sind es Löcher, aber sie zeigen als Massengiganten interessante Eigenschaften. Dazu machen wir ein Gedankenexperiment:

Wir diskutierten bereits beim Planetensystem, dass Sterne gerne als Mehrfachsysteme auftreten. Das ist bei Schwarzen Löchern nicht anders. Der Partner ist hier groß dargestellt, ist aber deutlich massеärmer als das Schwarze Loch. Wie im richtigen Leben entzieht nun das Schwarze Loch mit seiner großen Masse über eine Materiebrücke dem massenärmeren Partner Masse. Das Schwarze Loch kann dabei nur wachsen, bis alle erreichbare Materie „aufgefressen" ist. Um diesen Massengiganten lassen wir nun einen Lichtstrahl in einem angemessenen Abstand vorbeilaufen. Dabei sehen wir, dass das Licht z. B. um 180° abgelenkt wird und wir uns von hinten sehen. Verringern wir den Abstand zwischen Lichtstrahl und Zentrum des Schwarzen Loches, so kommen wir irgendwann an eine Grenze, an der der Lichtstrahl eingefangen und auf eine gebundene Bahn um das Zentrum des Schwarzen Loches gezwungen wird. Da jenseits dieses Radius alles Licht verschluckt wird, bekommt genau dieser Radius den bezeichnenden Namen „Ereignishorizont". Diesseits des Ereignishorizonts sehen wir im Röntgenbereich die Folgen vom Aufprall der Materie auf den Bauchring (zirkumpolare Gas- und Staubscheibe) des Schwarzen Loches sozusagen als „Todesschrei der Materie". Jenseits des Ereignishorizontes hat weder Materie noch Licht eine Chance, wieder aus dem Bann des Schwarzen Loches frei zu kommen. Wir haben deshalb keine Chance, über Zustände jenseits des Ereignishorizonts irgend eine Aussage machen zu können; hier beginnt eine „kosmische Zäsur", ein Jenseits inmitten unserer Raum-Zeit.

Schwarze Löcher als Phasenübergang der Raum-Zeit.

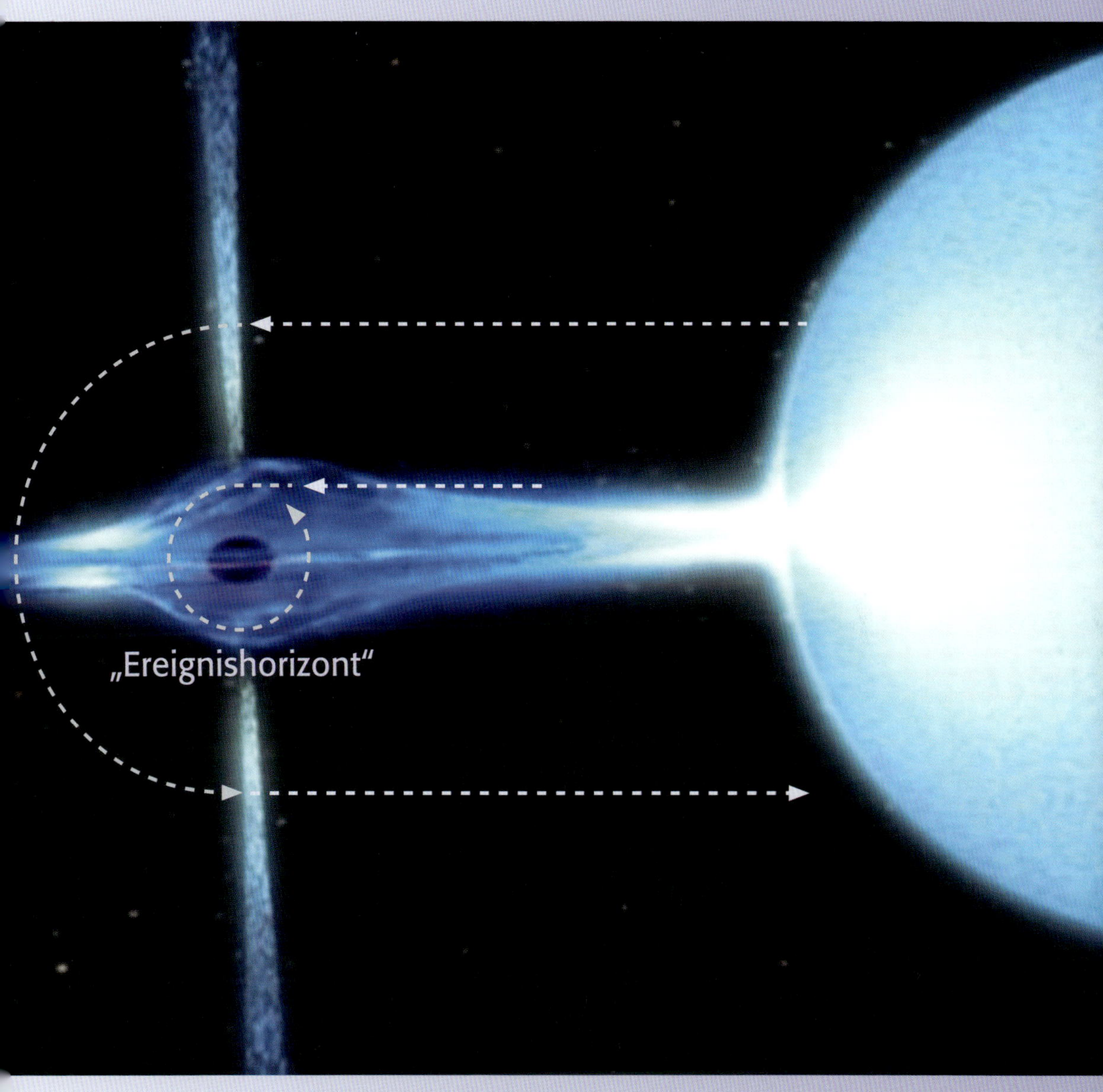

Es mag nicht uninteressant sein zu erwähnen, dass diese Entdeckung in eine Zeit fiel, in der Naturwissenschaftler mit dem „Jenseits der Kirche" aufräumen wollten. In jüngerer Zeit ist allerdings von tunnelnder „Hawking-Strahlung" die Rede, die dem Schwarzen Loch durch Tunnelung entweichen soll, ein theoretisch ermittelter, aber kaum messbarer Effekt.

In der Bibel lesen wir, dass Gott in einem Licht wohnt, da niemand Zutritt hat. Ich würde deshalb nicht behaupten, dass Gott in einem Schwarzen Loch zu Hause ist, aber als Bild darf das allemal dienen.

„Das Sichtbare macht uns so vergessen für das Unsichtbare."

Die Schmetterlinge gehören zu den Insektenarten, an denen eine vollkommene Verwandlung vollzogen wird. Der Schmetterling durchläuft - bis er sein endgültiges Aussehen erreicht hat - die Stadien des Eis, der Larve (Raupe) und der Puppe.

Diese mühsam dahin kriechende Raupe, deren Horizont gerade bis zum nächsten grünen Blatt reicht und der frei in Luft und im Licht sich bewegende Falter haben augenscheinlich nichts miteinander zu tun. Und doch hat der Schmetterling nichts, was nicht in der Raupe schon angelegt gewesen wäre, schon da war, sich nur noch hatte entwickeln müssen, entfalten, um schließlich den Raupen-Leib abstreifen zu können nach dem todesähnlichen Wartezustand in der Phase der Verpuppung. Er hat in seinem jetzigen Aussehen nichts mehr mit der Raupe oder der soeben verlassenen Behausung (der Hülle) gemeinsam.

Ein Schmetterling legt Eier, aber daraus schlüpfen keine hübschen Insekten mit schönen Flügeln! Nein, es sind kriechende, krabbelnde Raupen! Wenn eine Raupe dann zur Puppe in einem Kokon wird, ändert sich alles: Mäuler, Beine, das Verdauungssystem, sogar die Form verschwinden völlig. Aus einer hässlichen, kriechenden Made wird ein wunderschöner Schmetterling!

Kann das Wunder der Metamorphose eine Lehre, ein Symbol, für uns Menschen sein? Gott schuf ein

Symbol d

das die Verwandlung veranschaulicht, die Menschen bevorsteht, die er aber nicht selbst vollziehen kann.

Was als eine Raupe begann, erfährt eine radikale Veränderung. Der Schmetterling erscheint voll ausgewachsen und muss nicht heranwachsen wie ein Entenküken. Man könnte sagen, er erscheint auferstanden. Der Schmetterling ist fast sofort in der Lage seinen Weg z. B. über ein Gewässer zu fliegen.

„...wir werden aber alle verwandelt werden; und das plötzlich, in einem Augenblick“ (1. Korinther 15,51-52). Paulus lässt uns wissen, dass uns eine herrliche Zukunft als Kinder

Gottes bevorsteht: „Denn ich bin überzeugt, dass dieser Zeit Leiden nicht ins Gewicht fallen gegenüber der Herrlichkeit, die an uns offenbart werden soll. Denn das ängstliche Harren der Kreatur wartet darauf, dass die Kinder Gottes offenbar werden. Die Schöpfung ist ja unterworfen der Vergänglichkeit – ohne ihren Willen, sondern durch den, der sie unterworfen hat – doch auf Hoffnung; denn auch die Schöpfung wird frei werden von der Knechtschaft der Vergänglichkeit zu der herrlichen Freiheit der Kinder Gottes“ (Römer 8,18-21).

chöpfung,

„…wir werden aber alle verwandelt werden; und das plötzlich, in einem Augenblick“ (1. Korinther 15,51-52).

Unser nächstes Gleichnis der Natur gehört in den Bereich der Kristalle. Salze können in Wasser gelöst werden. Wenn dann die Flüssigkeit verdampft, bilden sich Kristalle aus. Dabei hat jede chemische Verbindung ihre Charakteristik, woraus sich eine riesige Vielfalt von Kristall-Formen ergibt. Das hängt jeweils von der chemischen Formel, der Gitterkonstanten und anderen spezifischen Größen ab. Die Tränenflüssigkeit bildet Kristalle besonderer Art: Viele kleine und große Kreuze.

Tränen sind das Schmerzenssymbol

schlechthin. Ein Mensch weint in seinem Leben etwa 65 Liter. Das sind 1 850 000 Tropfen. Natürlich gibt es Freudentränen, aber die meisten sind aus Schmerzen geweint. Ist es nur Zufall, dass Tränenflüssigkeit Kreuze ausbildet?

Wir haben es in der Bibel mit einem Gott zu tun, der in der Gestalt Jesu weinte. Niemand, der über diese Welt geht, tut das ohne Tränen. Alle sind wir mehr oder weniger – früher oder später – vom Leid dieser Welt betroffen. Und selbst bei unserer Ankunft im Himmel wird Gott sich mit unseren Tränen beschäftigen, indem er sie – endgültig – abwischen wird.

Ich habe da einige Fragen: Ist das alles nur Zufall? Die Schönheit, die Sinnfälligkeit, die Symbolhaftigkeit, die Ordnung, die Beständigkeit? Für mich sind das Aspekte, die auf einen phantasievollen Schöpfer hinweisen.

Wir haben uns in den fünf Teilen des Buches ausführlich mit möglichen Spuren von Gott als Schöpfers befasst. Gibt es auch Hinweise für Gott als Erhalter?

Ein Elektron als negativ geladenes Teilchen bewegt sich um einen positiv geladenen Atomkern mit einer gewissen Geschwindigkeit. Die laufende Richtungsänderung bedeutet, dass die bewegte Ladung kontinuierlich Energie abstrahlen müsste. Deshalb müsste ein Elektron nach den Gesetzen der Elektrodynamik eigentlich kontinuierlich auf den Kern zuspiralen. Damit müssten alle Atome instabil sein, was den empirischen Fakten eklatant widerspricht.

Erst ad hoc-Annahmen der Quantenphysik von stabilen Elektronenbahnen lassen uns das Verhalten von Elektronen um den Atomkern verstehen.

Im angegebenen Sinn interpretiert kann ich auch schlussfolgern, dass selbst hinter der

Stabilität eines jeden Atoms

eine erhaltende Kraft gebraucht wird, die Elektronen eines jeden Atoms auf ihren Bahnen hält. Natürlich wäre es das Eindrücklichste gewesen, den Schalter mit Gottes Erhalterfunktion einmal für eine Minute umzulegen!

„Wir können zwar die Naturgesetze und in unserem Beobachtungsrahmen ihre zeitliche Gültigkeit feststellen, aber wir können sie nicht begründen. Aus dieser Sicht ist jeder Herzschlag ein Wunder!“

Für die Stabilität von Galaxien haben wir schon im Teil 4 die Dunkle Materie einführen müssen, weil sonst z. B. die äußeren Teile einer Galaxie sich wegen zu hoher Geschwindigkeit ablösen würden. Wir schließen das aus der

Zur Dunklen Materie als Stabilisator von Galaxien meinte ein Leserbriefschreiber: „Ich habe viele Länder bereist und viele Namen für Gott gehört. Dass er Dunkle Materie genannt wird, war mir bislang unbekannt."

„flachen Rotationskurve" der Galaxien

die sich eben kaum mit dem Abstand vom Zentrum ändert. Hier wurde die Dunkle Materie als Klebstoff eingeführt, deren elementare Bausteine wir bis auf diesen Tag nicht kennen und deren Bedeutung selbst die Astronomen bis vor rund 30 Jahren nicht einmal ahnten.

Für mich ist dies ein weiteres Gleichnis dafür, wie verschwindend klein und vordergründig die sichtbaren Bezüge für mein Sein sind im Vergleich zu dem, was mich insgesamt umgibt und womit ich täglich zu rechnen habe. Wunder passen nicht ins moderne Weltbild? – Ich gehe täglich mit ihnen um!

„… alles hat ihn ih
seinen Bestand
Kolosser 1, 1

Es gibt Atome, die sind nicht stabil. Sie zerfallen mit 50%iger Wahrscheinlichkeit in einer von uns inzwischen bestimmten Zeit, der Zerfallszeit, oder der sogenannten Halbwertszeit. Es ist aber beileibe nicht so, dass ein einzelnes Atom, das ich beobachte und dessen Halbwertszeit ich kenne, genau in dieser für die spezielle Atomsorte typischen Zeit zerfällt. Es kann in wenigen Minuten zerfallen oder aber es kann auch Millionen Jahre dauern, ohne dass ich irgendwie eingreifen könnte. Erst dann, wenn ich eine große Anzahl bestimmter Atome

beobachte, kann ich eine Wahrscheinlichkeit angeben, mit der ein Atom zerfällt.

Daraus folgt, dass nicht nur das Unsichtbare, sondern streng genommen auch das Unerwartete keinen Platz im physikalischen Weltbild hat. Aber das Reproduzierbare ist nicht wichtiger als das Unerwartete, Einmalige. Dies entzieht sich offensichtlich nur der deterministischen naturwissenschaftlichen Methode und verhält sich nach Wahrscheinlichkeiten. Im Mikrokosmos erfahren wir die Materie eher als Geschehen denn als ruhendes Sein.

Dabei ist bemerkenswert, dass im Reich der Atome zu unserer Überraschung eine Art „Entscheidungsunbestimmtheit" bzw. Entscheidungsfreiheit vorliegt. Wir haben

ein Geschehen entdeckt, das nicht deterministisch zwanghaft abläuft

und exakt für jedes individuelle Atom vorherbestimmt werden kann. Die Natur legt sich nicht genauer fest. Damit ist das Verhalten im Mikrokosmos in die Zukunft hinein nicht festgelegt (Indeterminiertheit).

Diese in der Physik entdeckte Eigenschaft hat Parallelen in der Theologie. Sie weist uns auf die persönliche Freiheit des Individuums hin, in die Gott jeden stellt. Der Mensch ist nicht in ein schicksalhaftes, deterministisches Gefüge hineingeworfen, sondern in eine absolute Entscheidungsfreiheit gestellt. Er kann annehmen oder verwerfen. Nur die Wahl der Konsequenzen ist nicht frei. Dies gilt als universelles Prinzip.

„Im Innersten ist die Welt etwas ganz anderes als eine große Maschine."
B. Bavink, Naturphilosoph

- Das Phänomen der „nicht reduzierbaren Komplexität" beschreibt ein System, bei dem mehrere Teile zur Funktion des Ganzen zusammenwirken. Fehlt auch nur ein Teil oder ist er unvollständig (entwickelt), so bricht das System zusammen. Solche Systeme gibt es in unserem Alltagsleben (z. B. Mausefalle) ebenso wie in der Zelle. Das widerspricht eklatant dem Entwicklungsgedanken als maßgeblichem Mechanismus.
- Die Natur ist Gottes allgemeine Offenbarung seiner selbst und die Bibel seine persönliche Offenbarung seiner selbst. Wenn beides wahre Offenbarungen sind, dann können wir erwarten, dass es sich auf lange Sicht zeigen wird, dass beide Offenbarungen miteinander im Einklang stehen.

- Neue Erkenntnisse in den Elementarprozessen im Mikrokosmos zeigen bereits im modernen Naturbild eine neu gewonnene Freiheit in der Beziehung von Denken und Glauben. Das moderne Naturbild weist trotz seiner methodischen Beschränktheit weit über sich hinaus.

- ***„Leute, die wenig von Wissenschaft wissen, und Leute, die wenig von Religion verstehen, mögen sich einmal streiten, und die Zuschauer mögen denken, da streiten sich nun die Wissenschaft und der Glaube, während es sich in der Tat um einen Zusammenstoß von zwei Arten von Unwissenheit handelt."***
  Robert A. Millikan,
  Nobelpreisträger Physik

Trotz bedrängender Argumente ist Gott nicht einer der gesuchten, verborgenen Parameter in unseren physikalischen Theorien. Wir wollen den Schöpfer nicht in die Nische der entdeckten Raffinessen, der Schönheit und der Funktionalität unseres Kosmos stecken.

So wie dessen sichtbarer Teil nach heutigem Stand der Erkenntnis in die Matrix der Dunklen Materie eingebunden ist (siehe Teil 4), so sehr ist unser Sein im

Schatten

einer unsichtbaren *Welt*

verankert, die ich als Gottes unsichtbare Welt als Parallelwelt bezeichnen möchte.

Der Glaubende hat auf die Frage, ob Gott noch in das Weltbild des 21. Jahrhunderts passt, eine schlichte Antwort: Er wohnt dort, wo man ihn einlässt. Die Naturwissenschaft hat dazu keine Meinung, weil sie ihn aus ihren Überlegungen von vornherein ausschloss (Teil 1). Das ist so, auch wenn die Medien zu unser aller Ärger durch diesbezügliche Negativschlagzeilen fast täglich anders tönen.

Nein, ich klemme Gott nicht in die Lücken hinein, die ich angedeutet habe, da er sich nicht als Lückenbüßergott zu erkennen gibt.

Er ist – und das ist mein persönliches Bekenntnis – in der Rolle des ersten Bewegers in einer kosmischen Kette von Verursachungen zu sehen. Ich bekenne ihn als Schöpfer, Erhalter und Vollender, wirksam und erlebbar inmitten unserer Raum-Zeit. Unsere ausstehende Metamorphose wird uns in die bislang als Schattenwelt erfahrene wahre Lichtwelt bringen. Dort, wo wir alle Sehnsucht des Menschen als Heimweh begriffen haben und Gottes Hinweisen folgen, kommen wir bei unserem Ursprung an.

„Komm gut an", ist in diesem Sinne ein Wunsch an jeden meiner Leser. Komm gut an in jener Lichtwelt, über der der Vater beschlossen hat, dass sie dir gehören soll. Gott ist unserem Wissen um Ewigkeiten voraus. Man kann ihn erahnen in den Wundern der Schöpfung, und man kann ihm begegnen in seinem Wort.

Durch Gottes Willen hat diese Welt nur so lange Bestand, bis sie durch seine neue Welt abgelöst wird. Diese Welt ist nicht Gottes letztes Wort: „Siehe, ich mache alles neu." Biblische Hoffnung ist „Fantasie" ohne menschliche Grenzen! Christen sind heute die Blaupause seiner neuen Welt.

*„Wissenschaft fragt,
wie der Himmel funktioniert,
und die Religion,
wie man hineinkommt."*
Galileo Galilei

„Wenn unsere letzte Stunde schlägt, wird es uns eine unsagbar große Freude sein, den zu sehen, den wir in unserem Schaffen nur ahnen konnten."
Karl Friedrich Gauß,
Mathematiker und Physiker

Meine Spurensuche als Astrophysiker ist ein Versuch, in dieses komplexe Thema zwischen Denken und Glauben hineinzufinden.

Der stichwortartige und kurz gehaltene Charakter der Texte wird der Skizzierung meiner Vorträge gerecht. Dies deutet aber auch ein Stammeln an, das einem bei diesem Thema befällt, etwa nach dem Motto: Wohl dem, der nichts weiß – und trotzdem schweigt.

Ich habe mich auf ein in weiten Teilen unserer Gesellschaft gefürchtetes, weil vermintes, Gebiet vorgewagt, indem ich insbesondere ab Teil 4 den Disput zwischen Naturwissenschaft und Theologie im Geist gegenseitiger Achtung führte. Ich hoffe, einen Weg gezeigt zu haben, der einer Wahrheitssuche im Naturgeschehen entgegen kommt und vorhandene Schützengräben möglichst überflüssig macht.

Schatten.Welten

Wenn z. B. von „Welten im Farbenrausch" gesprochen wurde, so ist damit nicht vordergründige Buntheit, sondern subtiles Wechselspiel von Nuancen und Schattierungen im Ringen um Erkenntniszugewinn über Geheimnisse unserer Welt gemeint, was das „Kunstwerk Kosmos" zelebriert. Gerade wenn die Wissenschaft Gefahr läuft, sich in Abstraktem zu verlieren, gewinnen Bilder und Sprache in voller Wucht ihre eigene Dynamik. Und in dieser Arbeit war fast nur von der unbelebten Welt die Rede!

Kann die Naturwissenschaft mit ihrem Verfügungswissen ein Weg zu einer umfassenden Kenntnis sein? Wie will sie mit ihren empirischen Mitteln das Unfassbare fassen? Entfernt sie sich mit der Vielfalt ihrer Methoden nicht immer mehr von der alltäglichen Welt des Menschen? Ist ob der Erkenntnis der scheinbar nicht endenden Komplexität ein einheitliches Bild der Welt überhaupt möglich? Kommt der Mensch darin noch vor? Ist das Wirken eines Urhebers nicht allein schon in der gesetzmäßigen Ordnung der Materie erwiesen? Isaak Newton in seinem Buch „Optics“: Mit Hilfe dieser Beziehungen [der Bewegung] scheinen nun alle materiellen Dinge aus den erwähnten harten und festen Teilchen zusammengesetzt und bei der Schöpfung nach dem Plane eines intelligenten Wesens verschiedentlich angeordnet; denn ihm, der sie schuf, ziemt es auch, sie zu ordnen. Und wenn er dies getan hat, so ist es unphilosophisch, nach einem anderen Ursprunge der Welt zu suchen oder zu behaupten, sie sei durch die bloßen Naturgesetze aus einem Chaos entstanden …“

Am Anfang habe ich den Raum als Element definiert, das tief im Innern eines Atoms beginnt. Eine Begründung war, dass der Weltraum so leer ist wie ein Atom. Diese Aussage ist nun nach all dem Gesagten zu revidieren. Hier ist ein bekenntnishafter Kommentar angebracht: Das Wissen, das der Mensch vom Universum besitzt, ist bedeutungslos im Vergleich zu den Geheimnissen, die es noch umgeben. Das größte ist die Liebe Gottes. Das Universum ist randvoll mit seiner Liebe. Am Himmel brennt Gott täglich (nächtlich ☺) ein Feuerwerk seiner Fantasie ab, das uns unseren privilegierten Planeten feiern lässt!

„Nicht Gott ist relativ, und nicht das Sein, sondern unser Denken.“
Albert Einstein, Nobelpreisträger

„Meine Religiosität besteht in einer demütigen Bewunderung für den unendlich höheren Geist, der sich in dem Wenigen offenbart, das wir mit unserem schwachen, flüchtigen Verständnis von der Wirklichkeit erfassen können."
Albert Einstein,
Physiker und Nobelpreisträger

Das Schlusswort soll Max Planck, dem Begründer der Quantentheorie und Nobelpreisträger der Physik gehören, an dessen Heidelberger Institut ich meine Ausbildung genoss und als Astrophysiker die ersten Brötchen verdiente:

„Als Physiker, also als Mann, der sein ganzes Leben der nüchternen Wissenschaft, der Erforschung der Materie diente, bin ich sicher von dem Verdacht frei, für einen Schwarmgeist gehalten zu werden. Und so sage ich nach meiner Erforschung des Atoms folgendes:

Es gibt keine Materie an sich! Alle Materie entsteht und besteht nur durch eine Kraft, welche die Atomteilchen in Schwingung bringt und sie zum winzigsten Sonnensystem des Atoms zusammenhält.

Da es im ganzen Weltall aber weder eine intelligente noch eine ewige (abstrakte) Kraft gibt, so müssen wir hinter dieser Kraft einen bewussten intelligenten Geist annehmen. Dieser Geist ist der Urgrund aller Materie. Nicht die sichtbare, aber vergängliche Materie ist das Reale, Wahre, Wirkliche, sondern der unsichtbare, unsterbliche Geist ist das Wahre.

Da es aber Geist an sich nicht geben kann, und jeder Geist einem Wesen zugehört, so müssen wir zwingend Geistwesen annehmen. Da aber auch Geistwesen nicht aus sich selbst sein können, sondern geschaffen worden sein müssen, so scheue ich mich nicht, diesen geheimnisvollen Schöpfer ebenso zu benennen, wie ihn alle alten Kulturvölker der Erde früherer Jahrtausende genannt haben: Gott!

Für den gläubigen Menschen steht Gott am Anfang, für den Wissenschaftler am Ende aller Überlegungen."

Am Ende die Rechnung

Einmal kommt die Rechnung:
für laue Sommerabende und den Morgentau
für das Rauschen des Meeres und das vertraute Schweigen mit einem geliebten Menschen
für die bunten Farbtupfer eines Blumenbeetes und das geheimnisvolle Grau eines Nebeltages
für den eleganten Vogelflug und das schwerelose Gaukeln eines Schmetterlings
für den Schnee und den Regen
für die klare Luft, die wir geatmet haben
für Augenblicke, die uns den Atem nahmen
für den Blick auf die Unzahl der Sterne,
für alle Tage und Nächte.
Einmal wird es Zeit, dass wir bezahlen und aufbrechen.
Bitte die Rechnung!

Doch wir haben die Rechnung
ohne den Wirt gemacht:

„Ich habe euch eingeladen,"

sagt er und lacht. „Soweit die Erde reicht! Es war mir ein Vergnügen."
… und dann mach` es wie die Briefmarke: Bleib` dran, bis du ankommst!

Als Dank.

Herr, mein Gott,
du bist einzigartig!
Du hast so viele Wunder getan,
alles sorgfältig geplant!
Wollte ich das schildern
und beschreiben,
niemals käme ich zum Ende!
Psalm 40, 6

Stichwortverzeichnis

Chiralität. Der Begriff kommt in unterschiedlichen Disziplinen vor. Er meint hier die Anordnung von Atomen, bei denen bestimmte Symmetrieoperationen, zum Beispiel die Spiegelung an einer Molekülebene, nicht zu einer Selbstabbildung führen. Gängige Beispiele aus dem Alltagsleben sind rechte und linke Hand oder rechts- bzw. linksgewundene Schneckenhäuser.

Erdschein. Erdschein nennt man das Sonnenlicht, das von der Erde auf die von der Sonne unbeleuchtete Seite des Mondes geworfen wird. Dadurch wird dessen dunkle Seite fahl beleuchtet, was bei günstigem Wetter auch mit bloßem Auge deutlich zu erkennen ist. Am besten ist es bei schmaler Mondsichel kurz vor und kurz nach Neumond sichtbar, bei merklichem Winkelabstand zur blendenden Sonne.

Libration. In der Astronomie bezeichnet Libration eine echte oder scheinbare Taumelbewegung eines Mondes gesehen von seinem Zentralkörper. Fast alle Monde des Sonnensystems befinden sich in einer gebundenen Rotation um ihren Zentralplaneten, das heißt, sie drehen sich während eines Umlaufs um den Planeten auch einmal um die eigene Achse. Deshalb wenden diese Monde ihrem Planeten im Prinzip immer dieselbe Seite zu. Da die Monde allerdings nicht auf exakten Kreisbahnen mit konstanter Winkelgeschwindigkeit ihre Planeten umkreisen, während die Eigenrotation eine konstante Winkelgeschwindigkeit aufweist, und da sich ein Beobachter auf dem Planeten nicht exakt auf der Verbindungslinie der Massenzentren befinden muss, sieht der Beobachter im Laufe eines „Monats" nicht immer exakt dieselbe Seite des Mondes. Durch die verschiedenen Effekte, die zu dieser Taumelbewegung führen, sind von der Erdoberfläche aus im Laufe der Zeit insgesamt 59 Prozent der Mondoberfläche zu sehen.

LMC. Large Magellanic Cloud. Die Große und die Kleine Magellansche Wolke sind zwei irreguläre Zwerggalaxien in nächster Nachbarschaft zu unserer Milchstraße und damit Teil der Lokalen Gruppe. Sie werden mit GMW und KMW (Große/Kleine Magellansche Wolke) bzw. englisch mit LMC und SMC (Large/Small Magellanic Cloud) abgekürzt. Den Einwohnern der Südhalbkugel waren die beiden Galaxien wohl schon seit prähistorischer Zeit durch Beobachtungen mit dem bloßen Auge bekannt, erstmalige schriftliche Erwähnung fanden sie jedoch durch den persischen Astronomen Al Sufi in seinem Buch der Fixsterne im Jahr 964. Der erste Europäer, der die beiden Wolken beschrieb, war allerdings Ferdinand Magellan bei seiner Weltumsegelung 1519. Im Fernrohr zeigte sich ihr Charakter als Galaxie, die aus Sternen, Nebeln, Sternhaufen und anderen Objekten zusammengesetzt ist.

Messier. Der Messier-Katalog ist eine Auflistung von 110 astronomischen Objekten, hauptsächlich Galaxien, Sternhaufen und Nebel. Die Objekte des Katalogs wurden zwischen 1764 und 1782 von dem französischen Astronomen Charles Messier zusammengestellt, nach einer ersten Version des Kataloges in Zusammenarbeit mit seinem Kollegen Pierre Méchain. Die meisten der Katalogobjekte waren vorher noch nicht bekannt gewesen. Der Messier-Katalog war und ist von großer praktischer Bedeutung. Er war einer der Ausgangspunkte für die systematische Erforschung von Galaxien, Nebeln und Sternhaufen, und die von ihm vergebenen Nummern sind nach wie vor die übliche Bezeichnung vieler wichtiger Himmelsobjekte.

Präsolare Minerale. Präsolare Minerale, oft auch präsolare Körner oder Sternenstaub genannt, sind winzige Kristalle, die Teil der feinkörnigen Matrix von primitiven Meteoriten sind und bereits vor der Bildung unseres Sonnensystems existieren sollten. Es wird angenommen, dass sie in Supernovaexplosionen oder in der Umgebung roter Riesensterne entstanden sind und später Teil derjenigen Molekülwolke wurden, von der sich der solare Nebel separierte und zu unserem Sonnensystem wurde.

Primordial. Als primordial werden Objekte verstanden, für die keine weiteren Entstehungsprozesse in Folge einer Entwicklung bekannt sind. So ist die Vorstellung, dass zum Beispiel Kometen zusammen mit der Entwicklung einer Sonne am Rande einer zirkumpolaren Scheibe aus volatilen Elementen durch Ausfrieren entstanden sind.

SMC. Small Magellanic Cloud, die Kleine Magellansche Wolke, die an der südlichen Hemisphäre zu beobachten ist. Sie ist eine irreguläre Zwerggalaxie, die leicht mit dem bloßen Auge gesehen werden kann. Ihr Abstand beträgt rund 7 000 Lichtjahre und ist damit eine Nachbargalaxie zu unserer Milchstraße.

Walkarbeit. Der auf dem Jupitermond Io nachgewiesene Vulkanismus wird üblicherweise darauf zurückgeführt, dass er gerade den richtigen Abstand zu Jupiter hat, dass er auf seiner Bahn um Jupiter gravitativ so beeinflusst wird, dass die dadurch entstehende innere Reibung die Wärme erzeugt, die ihren Vulkanismus treibt.

Weltformel. Eine Weltformel oder eine Theorie von Allem (ToE, Theory of Everything) ist eine hypothetische Theorie der theoretischen Physik und Mathematik, die zusammen alle bekannten physikalischen Phänomene gänzlich erklärt und verknüpft. Mit der Zeit ist der Begriff in die Popularisierungen der Elementarteilchenphysik eingeflossen, die zu einer Theorie erweitert werden soll, welche durch ein einzelnes Modell die Theorien aller grundlegenden Wechselwirkungen der Natur erklären würde. Der Begriff ToE meint eine widerspruchsfreie bzw. eindeutige Beschreibung und Vorhersage der in der Natur beobachtbaren Phänomene im Rahmen eines möglichst einfachen Satzes von Formeln. Die ToE wird demgemäß als Gegensatz zum aktuellen Stand der Physik begriffen, wo man mit jeweils unterschiedlichen Theorien zu verschiedenen Vorhersagen kommt. Allerdings ist die physikalische Realität von dem Ziel einer ToE meilenweit entfernt.

Buchempfehlungen

Der vermessene Kosmos
Ursprungsfragen kritisch betrachtet

Zwei Astrophysiker und Christen (Norbert Pailer und Alfred Krabbe) zeichnen in allgemeinverständlicher Weise ein aktuelles Bild vom Kosmos und dem Planetensystem. Sie diskutieren, wie das Schöpfungshandeln Gottes anhand astronomischer Daten verstanden werden kann.

Dieses Buch ist als Referenzdokument im Zusammenhang mit dem vorliegenden Buch gedacht, das sich an Vortragsvorlagen des Autors orientiert. Es bilanziert den Status quo auf der Basis gesicherter Daten. Mit dem Einblick in naturwissenschaftliches Arbeiten – dem Gewinnen von Daten bis zur Nachweisgrenze unserer Instrumente und der Interpretation dieser Daten mit Hilfe neu entwickelter Modelle – soll gleichzeitig auch ein Gespür für die Unsicherheiten der aktuellen „Fakten"-Lage vermittelt werden. Dazu trägt nicht zuletzt die Dunkle Komponente im Weltraum bei. Weltraumerkundung gehört zu den größten Abenteuern menschlichen Geistes. Am Ende wird kein neues „Modell der Weltentstehung" entwickelt, sondern ein Interpretationskorridor diskutiert, der die astrophysikalischen Erkenntnisse mit dem Genesisbericht zu verbinden sucht.

Das Schweigen der Sterne
Staunen über die Geheimnisse des Kosmos

Wenn durch Forschung die Scheibe der Erde zur Kugel wird, wenn sie dann aus der Mitte der Welt an den Rand einer gewöhnlichen Galaxie – einer von hundert Milliarden – rückt, bleibt davon auch unser Selbstverständnis nicht unberührt. Der Mensch muss sich mit Hilfe der Vernunft und seines Weltbilds neu einrichten.

Unser Kosmos: Einzigartig, vielfältig, spannend, atemberaubend. Voller Geheimnisse, Kontraste, Gegensätze und immer wieder Neuem. Jeder Moment hat etwas Besonderes. Tausend Farben und Formen. Ein fast ekstatisches Staunen darüber, dass sich die Schönheit der Schöpfung und die Größe des Schöpfers uns auf so vielen Ebenen zeigt! Norbert Pailer zeigt uns als Astrophysiker diese erstaunlichen Welten auf seine ganz persönliche, fotografisch-künstlerische Art. Damit will er aufmerksam machen, sensibilisieren, zum Nachdenken anregen. Individuell, subjektiv, intuitiv, neugierig, ausdrucksstark.

Autor

Norbert Pailer.

Ich erinnere mich noch lebhaft an meinen Zugang zur Astronomie. Es waren nicht virtuelle Bilder oder CCD-Überfrachtungen, die mich emotional prägten. Vielmehr trugen Sinnfragen und schlicht die Nähe zur Natur selbst bei. Ich wollte wissen, „was die Welt im Innersten zusammenhält" und entdeckte, dass ich viel mehr bin, als ich von mir wusste.

Begonnen hat mein beruflicher Werdegang nach der Volksschule in Remchingen in der Lehrwerkstatt des Bundesbahnausbesserungswerks in Karlsruhe. Auf Drängen meines Lehrers gab ich meine Pläne für eine Lokführerkarriere auf und machte die Mittlere Reife und das Abitur nach. Danach folgte 1971 das Physikstudium an der Universität in Heidelberg mit kernphysikalischer Ausrichtung, mit einem Nebenverdienst als Beschleuniger-Hilfsoperateur am Tandem des Max-Planck-Instituts für Kernphysik. Ich vergesse nicht die einsamen 12-Stunden-Schichten in der riesigen Beschleunigerhalle an den Wochenenden, in denen man als junger Student nach einer nur kurzen Einarbeitung und Prüfung alleine für den Beschleunigerbetrieb verantwortlich war. Parallel arbeitete ich mich in die Astronomie ein und promovierte in dieser Disziplin. Sie war es auch, in der ich meine berufliche Zukunft ausbaute. So führte mich eine Einladung der Washington University in St. Louis, Missouri, als Gastwissenschaftler in die USA, wo wir ein Instrument zur chemischen und isotopischen Analyse von interplanetaren Staubteilchen entwickelten und bauten (siehe Seite 4).

Seit 1983 arbeitete ich bei einem führenden Raumfahrtunternehmen und war dort als Programmleiter für wissenschaftliche Raumfahrt beschäftigt. Ich habe zahlreiche wissenschaftliche Arbeiten veröffentlicht und bin Autor einer Reihe von Büchern. Seit einigen Jahrzehnten bin ich nebenberuflich als Referent für weltraumrelevante Themen unterwegs. Seit 2014 genieße ich meine „Nachspielzeit".

Im Jahre 1974 starteten wir, meine liebe Frau und ich, unsere Studentenehe. Die Geburt unseres ersten Sohnes im Jahre 1979 war ein riesiges Ereignis. Unsere gemeinsame Heidelberger Zeit als Studentenfamilie war eine einmalige, unwiederbringlich schöne Zeit. Sie ist noch heute immer wieder unser Gesprächsthema, auch wenn wir unseren Sohn Daniel sehr vermissen; er starb mit knapp 12 Jahren. Unser zweiter Sohn, Oliver, der nach unserer Rückkehr aus den USA am Bodensee geboren wurde, macht uns viel Freude durch seine Neugier und sein unverzagtes Hineingehen in sein Leben.

Grafiker

Johannes Weiss hat sich 1991 nach einem Studium an der Kunstgewerbeschule Zürich und mehreren Praktika in verschiedenen Werbeateliers selbständig gemacht und arbeitet als Grafiker im Bereich Illustration, Gestaltung und Präsentation. Eine enge Zusammenarbeit im populärwissenschaftlichen Bereich entstand 2020 erneut mit der Studiengemeinschaft Wort und Wissen. Neben seinem Beruf wandert er gerne und oft in den Bergen, reist in Ländern Europas und wohnt heute in Freudenstadt im Schwarzwald.

Literatur

(1) Norbert Pailer und Alfred Krabbe: "Der vermessene Kosmos", 3. überarbeitete und erweiterte Auflage, SCM Verlag GmbH & Co

(2) Amaury H. M. J. Triaud et al.: „Spin-orbit Angle Measurement for Six Southern Transiting Planets", Astronomy & Astrophysics, April 2010 (pre-print)

(3) R. Junker und S. Scherer: "Evolution – ein kritisches Lehrbuch", Hänssler-Verlag 2006

(4) Halton Arp, Seeing Red: Redshifts, Cosmology and Academic Science Apeiron, Montreal, 1998

(5) ApJ, Vol 573, L77, Juli 10th, 2002

(6) Ward, Peter D. and Brownlee, Donald, Rare Earth, Copernicus Books, 2000

Bildnachweis

© NASA Langley: 4/5
© NASA: Space Science Institute: 9, 20/21
© NASA: 12/13, 15, 22-27, 36/37, 56, 80, 89, 94/95, 99, 104-106, 110, 112-114, 116-118, 122, 123, 126/127, 136-138, 148/149, 154/155, 184/185, 205, 214-216, 227, 234
© NASA JPL: 38/39, 46/47, 48, 50, 58-61, 63-69, 71-73, 75, 76, 78/79, 84, 90-92, 198, 201
© ESA/Astrium: 16, 79, 86/87, 128/129
© Roscosmos: 93
© JAXA: 102
© Druckmüller & Aniol: 108/109
© CERN: 142/143
© NOIRLab: 40/41
© N. Pailer: 8, 14/15, 43-45, 47, 49, 72, 74, 85, 96/97, 100/101, 103, 107, 111, 115, 122/123, 177, 178, 213
© Crestock: 35, 136/137, 143, 155/156, 158, 168-171, 178/179, 189, 198, 204/205, 217/218, 221/ 222, 224/225, 229, 234/235

Dank

Obwohl sich das Schreiben eines Buches häufig als ein einsames Unterfangen darstellt, kommt dennoch kein Autor ohne Hilfe aus. Zunächst war es schwierig, aus verschiedenen Vortragsthemen ein Buch mit einem gemeinsamen Roten Faden zu erstellen. Vielleicht hat es deshalb länger als geplant gedauert. Aber mit Hilfe einiger netter Zeitgenossen war es möglich, dieses Buch fertigzustellen.

Es war mir eine große Hilfe, Johannes Weiss als bewährten Grafiker zu gewinnen: Danke für deine Nörgeleien, die am Ende in eine Verbesserung mündeten.

Danke an Dr. Peter Korevaar und Christian Knobel für die inhaltlich geführten Diskussionen und eure teilweise sture Weigerung, eine einfache und nicht (mehr) aktuelle Aussage jemals einer schwierigeren aber richtigen vorzuziehen.

Dr. Reinhard Junker war so freundlich, die Lektorats-orientierte Aufgabe trotz knapper Zeitpolster zu übernehmen. Alle Beteiligten hatten ihren Beitrag auf Kosten ihrer knappen Freizeit geleistet. Danke.

Das Buch wäre sicherlich besser geworden, wenn ich all die ausgezeichneten Vorschläge meiner Ratgeber hätte aufnehmen können. Letztlich zwang mich (m)eine Art Pragmatismus, mich aufs Herauspicken zu beschränken. Alle übrig gebliebenen Unzulänglichkeiten gehen voll auf meine Kappe.

Schließlich möchte ich meiner kleinen Familie danken, der ich dieses Buch gewidmet habe. Sie hat sich nicht darüber beklagt, dass ich viel arbeitete – selbst dann nicht, wenn ich dies im Urlaub tat; die erfahrene Rücksicht, Unterstützung und ihr Verständnis haben mir alles bedeutet.